无障碍阅读版

小学生**名家经典**快乐畅读

四年级下

灰尘的旅行

高士其 著

北方联合出版传媒（集团）股份有限公司

辽宁少年儿童出版社

沈阳

图书在版编目（CIP）数据

灰尘的旅行 / 高士其著 . -- 沈阳 : 辽宁少年儿童
出版社 , 2022.1
ISBN 978-7-5315-8860-3

Ⅰ . ①灰… Ⅱ . ①高… Ⅲ . ①细菌－少儿读物 Ⅳ .
① Q939.1-49

中国版本图书馆 CIP 数据核字（2021）第 203741 号

出版发行：北方联合出版传媒（集团）股份有限公司
　　　　　辽宁少年儿童出版社
出 版 人：胡运江
地　　址：沈阳市和平区十一纬路 25 号
邮　　编：110003
发行部电话：024-23284265　23284261
编辑室电话：024-81060398
E-mail:qilinln@163.com
http://www.lnse.com
承 印 厂：长沙鸿发印务实业有限公司

责任编辑：武海山
特约编辑：高洁琳　张淳芮
责任校对：赵　博
封面设计：阿　娅
版式设计：徐辉悬
责任印制：吕国刚

幅面尺寸：787mm×1092 mm　1/16
印　　张：13.5　　　　　　　字　数：270 千字
出版时间：2022 年 1 月第 1 版
印刷时间：2022 年 1 月第 1 次印刷
标准书号：ISBN 978-7-5315-8860-3
定　　价：24.80 元

总序

读书的重要性已经不需要再多说。"读书破万卷，下笔如有神"——博览群书，能让自己的表达有分量，让笔下的文字有力量；"读万卷书，行万里路"——在拥有过人的学识的同时，还要将这些理论联系实际，真正做到学以致用，才算读得了书，达到读书的最终目的。

那我们到底要读些什么书呢？

阅读文学经典是大众历来倡导的一种方式。我们跟随作者，与一个个鲜活的人物相遇，他们的曲折人生似乎也变成了我们的经历，在感同身受的过程中，我们看透历史、领悟人生，也锻造了品行。

但这终究是高于生活的艺术，如果我们对于生活本身都认识不足，又何谈高于生活的领悟呢？对此，科普读物能很好地弥补这一空缺，帮助孩子形成对生活的正确认识，也为孩子理解高于生活的艺术奠基。

本着这样的理念，我们精选这套科普丛书，希望从以下几个方面来帮助孩子成长：

（一）紧扣课本，精选书目

小学阶段的儿童对世界充满好奇心，拥有着强烈的探知欲。本套丛书即从微观世界、人类演化、地球发展、生活常识等多个方面，在新版语文课本要求阅读的书目之中，选取国内和国外经典科普作品的精华来结集成册出版，既满足孩子的好奇心，顺应孩子的心理与认知发展趋势，又贴合目前教育大方向。

（二）专业批注，陪伴阅读

因为积累与认知的有限，小学阶段的孩子在阅读时不容易找到思考方向，思考内容也易浮于表面，欠缺深度。基于此，在本丛书中，我们精心设计"名师批注"和"读书笔记"栏目，做到全程陪伴式阅读。

我们精选文中的精妙语句进行"名师批注"，点明手法，分析表达效果，由浅入深，抽丝剥茧，一步一步地引导孩子深入思考。"读书笔记"是对情节内容提出启发性的问题，让孩子在阅读的过程中，养成思考的习惯，最终将阅读能力转化为表达、写作能力。

（三）激发思考，深层感悟

跟随本丛书，孩子将更加准确、清晰地认识这个世界，但这并不是我们策划出版的最终目的，我们更希望孩子能够在其中锻炼思考的品质，也对生活有更深的感悟。

在本丛书中，不仅蕴含丰富的科学知识，也展现了科学家们不断探索世界的勇气与坚持，这是新中国科学技术从无到有，到如今走在世界前列的动力，也是我们面对未来的底气。这些平凡而又不凡的科学家，是21世纪闪耀的明星，能在孩子们的心中留下榜样的种子。

（四）精彩栏目，好学好懂

不论是这些科学知识，还是榜样的精神，阅读的最终目的还是要学以致用，由此我们精心设计了一些有助于读者阅读思考的栏目。

在每章的开篇前，我们设置了"名师导读"栏目，对本章的重点内容做阅读前的指导，然后在结尾以疑问的形式来激发孩子的阅读兴趣，主动探究科学问题；在每章结束后设置有"名师精华赏析""积累与运用""知识大宝藏"等栏目，进行课外知识拓展，联系生活实际，让孩子能运用所学知识解决问题。最后还有"真题演练"栏目，贴合了考点，满足了课内教学需求。

如此丰富的形式与内容，一点一滴都是我们对这套丛书的用心，也是对每一位读者的负责。翻开每一本书，让我们跟随作者去领略他们眼中的世界，也在其中挖掘属于我们的宝藏吧。

编者

阅读小课堂

作者简介

高士其（1905年11月—1988年12月19日），福建闽县（今福州市区）人。中国著名科学家、科普作家和社会活动家，中国科普硕士、科普事业的先驱和奠基人。

1918年考入北平清华留美预备学校，成绩优秀。1925年考入美国威斯康辛大学，后转入芝加哥大学。1927年毕业。因姐姐去世，高士其先生放弃报考化学系研究生，专攻细菌学。在一次实验过程中，不幸被病毒感染，导致终身被病痛折磨，但他依旧坚持完成了课程，获得博士学位。

1930年，高士其乘船从纽约前往德国，一路的见闻让他眼界更为开阔，他也深刻地认识到了中国当时的落后，于是主动肩负起了振兴中华的历史使命。

1935年至1949年间，高士其经历了人生的大起大落，认识到旧社会的黑暗，以及中国共产党所领导的光明未来，所以他毅然加入中国共产党，以一位科学小品作家的身份，宣传科学知识。

从1934年发表第一部作品，到1988年离世，高士其先生始终坚持科普写作，在轮椅和病床上写出一篇又一篇经典作品，为新中国科普创作、振兴中国科普事业做出了不可磨灭的贡献。

高士其的代表作品有《揭穿小人国的秘密》《生命的起源》《和传染病作斗争》《我们的土壤妈妈》《谈眼镜》等。

创作背景

《灰尘的旅行》是高士其先生在经历了旧社会的黑暗与战争的苦难之后

写下的作品。当时的旧社会黑暗腐败，再加上资本主义的冲击和入侵者的迫害，中国人民饱受苦难。

作为接受了新时代教育的知识分子，高士其先生自觉肩负起历史使命，拿起了手中的笔，在作品中宣传科学知识，针砭时弊，从思想上对人民进行改造，推动了中国思想改革的进程。

内容速览

本书主要围绕"细菌"这个主题，为我们介绍了细菌在日常生活中的"功与过"，内容分为三个板块——科学童话：菌儿自传；科学小品：细菌与人；科学趣谈：细胞的不死精神。

"菌儿自传"以第一人称的视角，向我们介绍了细菌的生存、繁衍规律；"细菌与人"则从生活各个方面介绍了细菌与人之间的和与不和；"细胞的不死精神"这一章节则从细菌发散开来，介绍了它的亲属"细胞"的相关内容。

内容全面、详细，帮助我们更好地认识我们看不见的这个微观世界。

作品特色

高士其先生在他的作品中，总是善于用充满童趣的想象，带领我们跟随他一起去微观世界进行探索，每一种细菌、每一种现象，经他叙述常常充满趣味。

除了这些严谨的科学知识，在他的作品中，也饱含着他对时代的思考与探索，哪怕只是宣传知识，他也不忘忧国忧民，拳拳爱国之心，让他的作品更能引起读者的共鸣。

第一章　科学童话：菌儿自传

 第二章　科学小品：细菌与人

第三章　科学趣谈：细胞的不死精神

第一章

科学童话：菌儿自传

📏 **名师导读**

　　生活中，我们每天要遇见形形色色的人，也会交到形形色色的朋友，交朋友是一件令人开心的事情。今天，我们就迎来了一位新朋友，他想自我介绍一下，让大家更加了解他。他到底是谁？今年多大了？来自哪里？又有哪些有趣的经历呢？让我们带着疑问，一起来认识认识他吧！

我的名称

　　这一篇文章，是我老老实实的自述，是请一位曾直接和我见过几面的人用笔记下来的。

　　我自己不会写字，写出来，就是蚂蚁也看不见。

　　我也不曾说话，就是有一点儿声音，恐怕连苍蝇也听不到。

　　那么，这位做笔记的人，怎样接收我心里所要说的话呢？

　　那是一个暂时的秘密，恕我不公开吧。

　　闲话少讲，且说我为什么自称作"菌儿"。

　　我原想取名为"微子"，可惜中国的古人，已经用过了这名字，而且我嫌"子"字有点儿大人气，不如

名师批注

第一人称——作者以第一人称的角度，引出"菌儿"这个写作对象，充满童趣。

读书笔记

历史上有哪些"子"？请调动你的知识储备，列举两个。

"儿"字谦卑。

自古以来，中国的皇帝都称自己为天子。这明明是挟老天爷的声名架子，以号召群众，使小百姓们吓得不敢抬头。古来的圣贤名哲，又都好称为子，什么老子、庄子、孔子、孟子……"子"字未免太名贵了，太大模大样了，不如"儿"字来得小巧而逼真。

我的身躯，永远是那么幼小。人家由一粒细胞出身，能积成几千、几万、几万万。细胞变成一根青草、一棵白菜、一株挂满绿叶的大树，或变成一条蚯蚓、一只蜜蜂、一条大狗、一头大牛，乃至于大象、大鲸，看得见，摸得着。我呢，也是由一粒细胞出身，虽然分裂得格外快、格外多，但只恨它们不争气、不团结，所以变来变去，总是那般一盘散沙似的，孤单单的，一颗一颗，又短又细又寒酸。惭愧惭愧，因此今日自命作"菌儿"——为"儿"，意为小。

至于"菌"字的来历，实在很复杂，很渺茫。

屈原所作《离骚》中，有这么一句："杂申椒与菌桂兮，岂维纫夫蕙茝。"这里的"菌"，是指一种香木。这位失意的屈先生，拿它来比喻贤者，以讽刺楚王。我的老祖宗有没有那样清高，那样香气熏人，也无从查考。

不过，现代科学家都已承认，菌是生物中之一大类。菌族菌种，很多很杂，菌子菌孙，布满地球。你们人类所最熟识者，就是煮菜煮面所用的蘑菇、香蕈之类，那些像小纸伞似的东西，黑圆圆的盖，硬短短的柄，实是我们菌族里的大汉。当心哪！勿因味美而忘毒，那大菌，有的很不好惹，会毒死你们贪吃的人哪。

至于我，我是菌族里最小最小、最轻最轻的一种。小得使你们的肉眼看得见灰尘的纷飞，看不见我们也夹在里面飘游；轻得好几十万个我们挂在苍蝇脚下，它也不觉着重。真的，我比苍蝇的眼睛还小1000倍，比顶小一粒灰尘还轻100倍哩。

因此，自我的始祖，一直传到现在，在生物界中混了这几千万年，没有人知道有我。大的生物都没有看见过我，都不知道我的存在。

不知道也罢，我也乐得过着逍逍遥遥的生活，没有人来搅扰。天晓得，后来偏有一位异想天开的人把我发现了。我的秘密，就渐渐地泄露出来，从此多事了。

这消息一传到众人的耳朵里，大家都惊惶起来，觉得我比黑暗里的影子还可怕。然而人们始终没有和我面对面会见过，仍然是莫名其妙，恐惧中总带着半信半疑的态度。

"什么'微生虫'？没有这回事，自己受了风，所以肚子痛了。"

"哪里有什么病虫？这都是心火上冲，所以头上脸上生出疖子疔疮来了。"

"寄生虫就说有，也没有那么凑巧，就爬到人身上来。我看，你的病总是湿气太重的缘故。"

这是我亲耳听见过的三位中医对三位病人所说的话，我在旁暗暗地好笑。

他们的传统观念，病不是风生，就是火起，不是火起，就是水涌上来的，而不知冥冥之中还有我在把

名师批注

列数字——苍蝇的眼睛、灰尘已经是非常微小的东西，而细菌甚至还不及它们千分之一、百分之一。

名师批注

语言描写——中医们在不了解细菌的情况下，并不是很相信它的存在，说明人总是会被自己的认识限制，没有真正了解就妄下定论。

持活动。

因为冥冥之中，他们看不见我，所以又疑云疑雨地叫道："有鬼，有鬼！有狐精，有妖怪！"

其实，哪里来的这些魔物，他们所指的，就是我，而我却不是鬼，也不是狐精，也不是妖怪。我是真真正正、活活现现、明明白白的一种生物，一种最小最小的生物。

名师批注

叠词——叠词读起来很有韵味，也强调了细菌真实存在的事实。

既是生物，为什么和人类结下这样深的仇，天天害人生病，时时暗杀人命呢？

说起来也话长，我真是有冤难申，在这一篇自述里面，当然要分辩个明白，那是后文，暂搁不提。

因为一般人没有亲眼见过我，关于我的身世，都是道听途说，传闻失真，未免对我胡乱地称呼。

虫，虫，虫——寄生虫、病虫、微生虫，都有一个字不对。我根本就不是动物的分支，当不起"虫"字这尊号。

名师批注

设问——每一个名字都有它的不可取之处，在这看似自言自语的一问一答中，作者将这些名字一一驳倒，详细说明了这些名字的偏颇之处。

称我为寄生物，为微生物，好吗？太笼统了。配得起这两个名称的，又不止我这一种。

唤我病毒吗？太没有生气了。我虽小，仍是有生命的呀。

病菌，对不对？那只是我的罪名，病并不是我的职业，只算是我非常时期内的行动，真是对不起。

是了，是了，微菌是了，细菌是了。那固然是我的正名，却有点儿科学绅士气，不合乎大众的口头语，而且还有点儿西洋气，把姓、名都颠倒了。

名师批注

拟人——将细菌拟人化，细菌正期待与人们的见面，这是充满奇特的想象，趣味十足，吸引读者。

菌是我的姓，我是菌中的一族。以后你们如果有机缘和我见面，请不必大惊小怪，从容地和我打一个招呼，叫声菌儿好吧。

我的籍贯

我们姓菌的这一族，多少总不能和植物脱离关系吧。

植物是有地方性的。这也是为着气候的不齐。热带的树木，移植到寒带去，多活不成。你们一见了芭蕉、椰子之面，就知道它们是从南方来的。荔枝、龙眼的籍贯是广东与福建，谁也不能否认。

我菌儿却是地球通，不论是地球上哪一个角落，只要有一些水汽和有机物，我都能生存。

我本是一个流浪者。

像西方的吉卜赛民族，流荡成性，到处为家。

像东方的游牧部落，逐着水草而搬移。

又像犹太人，没有了国家，散居异地谋生，都能个个繁荣起来。世界上大富之家，不多是他们的子孙吗？

这些人的籍贯，都很含混。

我又是大地上的清道夫，替大自然清除腐物烂尸，全地球都是我工作的区域。

我随着空气的动荡而上升。有一回，我正在天空4000米之上飘游，忽而遇见一位满面都是胡子的科学家驾着氢气球上来追寻我的踪迹。那时我身轻不能自主，被他收入一只玻璃瓶子里，带到他的实验室里去受罪了。

我又随着雨水的浸润而深入土中，但时时被大水所冲洗，洗到江河湖沼里面去了。那里的水，我真嫌太淡，不够味，往往不能得一饱。

所幸我还抱着一个很大的希望：希望娘姨大姐、

贫苦妇人，把我连水挑上去淘米洗菜，洗碗洗锅；希望农夫、工人等劳动大众，把我一口气喝尽了；希望由各种不同的途径，去到人类的肚肠里。

> 人类的肚肠，是我的天堂，
>
> 在那儿，没有干焦冻饿的恐慌，
>
> 那儿只有吃不尽的食粮。

然而事情往往不如所意料的美满，这也只好怪我自己太不识相了，一点儿也不安分守己。饱暖之后，又肆意捣毁人家肚肠的墙壁，于是乱子就闹大了。那个人的肚子，觉着一阵阵地痛，就要吞服蓖麻油之类的泻药，或用灌肠的手法，不是油滑，便是稀散，使我立足不定，这么一泻，就被泻出肛门之外了。

从此我又颠沛流离，如逃难的灾民一般，幸而不至于饿死，辗转又归到土壤了。

初回土壤的时候，一时寻不到食物，我就吸收一些空气里的氮气，以图暂饱。有时又把这些氮气化成了硝酸盐，直接和豆科之类的植物换取别的营养料。有时遇到了鸟兽或人的尸身，那是我的大造化，够我几个月乃至几年享用了。

天晓得，20世纪以来，美国的微生物学者，渐渐注意到了伏于土壤中的我。有一次，我被他们掘起来，拿去化验了。

我在化验室里听他们谈论我的来历。

有些人就说，土壤是我的家乡。

有的以为我是水国里的居民。

有的认为我是空气中的浪子。

又有的称我是他们肚子里的老主顾。

各依各人的实验所得而给出报告。

其实，不但人类的肚子是我的大菜馆，人身上哪一块不干净，哪一块有裂痕伤口，哪一块便是我的酒楼茶店。一切生物的身体，不论是热血或冷血，也都是我求食借宿的地方。只要环境不太干，不太热，我都可以生存下去。

干莫过于沙漠，那里我是不愿去的。埃及古代帝王的尸体，之所以能保存至今而不坏，也就为着我不能进去的缘故。干燥之外再加以防腐剂，我就万万不敢去了。

热到了60℃以上，我就渐渐没有生气，一到了100℃，我就没有生望了。我最喜欢的是暖血动物的体温，那是在37℃左右。

热带的区域，既潮湿，又温暖，所以我在那里最惬意，最舒适。因此又有人认为我的籍贯大约是在热带。

世界各国人口的疾病和死亡率，据说以中国与印度为最高，于是众人的目光又都集中在我的身上了，以为我不是中国籍，便是印度籍。

最后，有一位欧洲的科学家站起来，说我应属于荷兰籍。

说这话的人以为，在17世纪以前，人类始终没有看见过我，而后来发现我的地方，是在荷兰代尔夫特市政府的一位看门老头儿的家里。

这事情发生于1675年。

这位看门先生是制显微镜的能手。他所制的显微镜，都是单用一片镜头磨成的，并不像现代的复式显微镜那么笨重而复杂，而他那些镜头的放大能力，却不弱于现代科学家所用的那些。我是亲尝过这些镜头的滋味的，所以知道得很清楚。

这老头儿，在空闲的时候，便找些小东西，如蚊子的眼睛、苍蝇的脑袋、臭虫的刺、跳蚤的脚、植物的种子，乃至于自己身上的皮屑之类，<u>放在镜头下聚精会神地细看</u>，那时我也夹杂在里面，有好几番都险些被他看出来了。

但是，不久，我终于被他发现了。

<u>有一天，是雨天吧，我就在一小滴雨水里面游泳，谁想到这一滴雨水，就被他寻去放在显微镜下察看了。</u>

他看见了我在水中活动的影子，就惊奇起来，以为我是从天而降的小动物，<u>他看了又看，发疯似的。</u>

又有一次，他异想天开，把自己的齿垢刮下一点点来细看，这一看非同小可，我的原形都现于他的眼前了。原来我时时都伏在那齿缝里面，想分吃一点儿"入口货"，这一次是我的大不幸，竟被他捉住了，使我族几千万年以来的秘密，一朝泄露于人间。

我在显微镜底下，东跳西奔，没处藏身，他眼也看红了，我身也疲乏了，一层大大厚厚的水晶上，映出他那灼灼如火如电的目光，着实可怕。

后来他还将我画影图形，写了一封长长的信，报告给伦敦"英国皇家学会"，不久消息就传遍了全欧洲，所以至今欧洲的人，还有以为我是荷兰籍者。他们错以为发现我的地点就是我的籍贯所在地。

读书笔记

你有没有用显微镜观察过什么？显微镜下的东西看起来是什么样子？请用自己的话描述一下。

名师批注

拟人——将小小的细菌拟人化，描绘出细菌在雨水里游动的画面，十分生动。

名师批注

神态描写——看门先生在自己的显微镜下发现了人类从未发现过的细菌，自然十分兴奋。

老实说，我就是这边住住，那边逛逛，飘飘然而来，渺渺然而去，到处是家，行踪无定，因此籍贯实在有些决定不了。

然而我也不以此为憾。鲁迅先生笔下的阿Q，那个大模大样的人物，籍贯尚且有些渺茫，何况我这小小的素来不大为人们所注视的生物，又哪里有记载可寻、历史可据呢！

不过，我既是造物主的作品之一，生物中的小玲珑，自然也有个根源，不是无中生有，半空中跳出来的，那么，我的籍贯，也许可从生物的起源这个问题上，寻出头绪来吧。但这问题并不是一时所能解决的。

最近，科学家用电子显微镜和科学装备，发现了原始生物化石。在非洲南部距今31亿年的太古代地层中，找到了长约0.5微米（微米是千分之一毫米）的杆状细菌遗迹，据说这是最古老的细菌化石。那么，我们菌儿祖先确是生物界原始宗亲之一了。这样，我的原籍就有证据可查了。

名师批注

心理描写——细菌的籍贯实在难寻，但是它并不丧气，反而自己安慰自己：阿Q这样的人物都没有籍贯，我也没什么可遗憾的。在作者生动的语言中，小小的细菌也有了人的脾气，活泼可爱。

读书笔记

查阅资料，了解0.5微米的长度，用恰当的语言表达出来。

我的家庭生活

我正在水中沉浮，空中飘零，

听着欢腾腾一片生命的呼声，

欢腾腾赞美自然的歌声。

忽然飞起了一阵尘埃，

携着枪箭的人类陡然而来，

生物都如惊弓之鸟四散了。

逃得稍慢的都一一遭难了。

有的做了刀下之鬼；有的受了重伤；

有的做了终生的奴隶；有的饱了饥肠。

大地上充满了呻吟挣扎的喊声，

一阵阵叫我不忍卒听尖锐的哀鸣。

我看到不平事落荒而走。

我因为短小精悍，容易逃过人眼，就悄悄地度过了好几万载，虽然在 17 世纪的末了，被发觉过一次，幸而当时欧洲的学者，都当我是科学的小玩意，只在显微镜上瞪瞪眼，不认真追究我的性状，也就没有什么过不去的事了。

又挨过了两个世纪，法国出了一位怪学究，毫不客气地怀疑我是疾病的元凶，要彻底清查我的罪状。

无奈呀，我终于被囚了！

被囚入那无情的玻璃小塔了！

我看他那满面又粗又长的胡子，真是又惊又恨，自忖，这是我的末日到了。

或许因为我的种子繁多，不易杀尽，又或许因为杀尽了我，断了线索，便扫不清我的余党，于是他就将我这可怜的薄命暂养在实验室的玻璃小塔里。

在玻璃小塔里，气候是和暖的，食物是源源地供给的，有如许的便利，一向流浪惯了的我，也顿时觉着安定了。从初进塔门到如今，足足混了 60 余年的光阴，因此这一段时间的生活，从好处着想，就说是我的家庭生活吧。

家庭生活是和流浪生活对立而言的。

然而，这玻璃小塔于我，仿佛也似笼之于鸟，瓶之于花，是牢狱的家庭，家庭的牢狱，有时竟是坟墓

名师批注

心理描写——科学技术发展之后，人们逐渐开始认识到细菌的作用，而细菌对于被人们囚禁，内心也充满痛苦，让人不由心生同情。

名师批注

外貌描写——在惊恐的细菌看来，科学家面目狰狞，让人又惊又恨，很符合细菌的心情呀！

名师批注

类比——细菌被关进玻璃小塔，犹如小鸟被关进笼子，花朵被插进花瓶，虽然得到供养，结束了流浪，但是失去了自由。

了，真是上了科学先生的当。

虽说上当，毕竟还有一线光明在前面，也许人类和我的误会就由此化解了。

> 把牢狱当作家庭，
>
> 把怨恨当成爱怜，
>
> 把误会化为同情，
>
> 对付人类只有这办法。

这玻璃小塔，是由亮晶晶、透明、一尘不染、强酸不化、烈火不攻、水泄不通、薄薄的玻璃造成的，只有塔顶那圆圆的天窗可以通气，又塞了一团棉花。

说也奇怪，这塔口的棉花塞，虽有无数细孔，气体可以来往自如，却像《封神榜》里的天罗地网，《三国演义》里的八阵图，任凭我有何等通天的本领，一冲进里面，就被绊倒了，迷了路逃不出去，所以看守我的人，是很放心的。

过惯了户外生活的我，对于实验室中的气温，本来觉着很舒适，但有时刚从人畜的身内游历一番，回来就嫌太冷了。

于是实验室里的人，又特别为我盖了一间暖房，那房中的温度和人的体温一样，门口装有一只计温的电表，表针一离了37℃的常轨，看守的人就来拨动拨动、调理调理，总怕我受冷。

记得有一回，胡子科学先生的一个徒弟，带我下乡去考察，还要将这玻璃小塔，密密地包了，存入内衣的小袋袋，用他的体温，温暖我的身体，总怕我受冷。

名师批注

比喻——将棉花塞比作天罗地网、八阵图，在作者充满趣味的语言中，说明棉花塞能够让空气流动，又阻止细菌逃出去的重要作用。

读书笔记 ●••••••••

结合上文内容思考：为什么科学家总会害怕细菌受冷？

科学先生给我预备的食粮，色样众多。大概他们在试探我爱吃什么，就配了什么汤，什么膏，如牛心汤、羊脑汤、糖膏、血膏之类。还有一种海草做的冻胶，叫作琼脂，那我是吃不动，摆着做样子，好看一些罢了。

他们又怕不合我的胃口，加了盐又加了酸，煮了又滤，滤了又煮，消毒了又消毒，有时还掺入或红或蓝的色料，真是处处周到。

我是著名的吃血的小霸王，但我嫌那生血的气焰太旺，死血的质地太硬，我最爱那半生半熟的血。于是实验室里的大司务，又将那鲜红的血膏，放在不太热的热水里烫，烫成了美丽的巧克力色。这是我最精美的食物。

然而，不料，有一回，他们竟送来了一种又苦又辛的药汤给我吃。这据说是为了检查我身体的化学结构而预备的。那药汤是由各种单纯的、无机和有机的化合物，及细胞所必需的十大元素搭配而成的。

那十大元素是一切生物细胞的共有物。

碳为主；

氢、氧、氮次之；

钾、钙、镁、铁又其次；

磷和硫居后。

我的无数种子各有癖好，有的爱吃有机之碳，如蛋白质、淀粉之类；有的爱吃无机之碳，如二氧化碳、碳酸盐之类；有的爱吃阿摩尼亚之氮；有的爱吃亚硝酸盐之氮；有的爱吃硫；有的爱吃铁。于是科学先生各依所好，酌量增加或减少各元素的成分，因此那药汤也就不太难吃了。

读书笔记

如果缺少了其中某一种元素，会对人类的身体产生什么影响呢？请查阅资料说一说。

名师批注

排比——每一种细菌的食物都不同，各有特点。

我的呼吸也有些特别。我在平时固然尽量地吸收空气中的氧，有时却嫌它的刺激性太大，氧化力太强了，常常躲在低气压的角落里，暂避它的锋芒。所以黑暗潮湿的地方最适合我繁殖，一件东西将要腐烂，都从底下烂起。又有时我竟完全拒绝氧的输入了，其原因是我自己的细胞会从食料中抽取氧的成分，而且来得简便。在外面氧的压力下，我反而不能活。生物中不需空气而能自主生存的，恐怕只有我这一种吧。

读书笔记 ⋯⋯⋯⋯⋯

你还知道其他不需要空气就可以自主生存的生物吗？

不幸，这又给饲养我的人添上一件麻烦了。

我的食量无限大，一见了可吃的东西，就吃个不停，吃完了才罢休。一头大象或大鲸的尸身，若任我吃，不怕花去五年十载的工夫也要吃得精光。大地上一切动植物的尸体，都是我这清道夫给收拾得干干净净的。

何况这小小玻璃之塔里的食粮，是极有限的。于是亲爱的科学先生又忙碌起来，用白金丝，挑了我，搬来搬去，费去了不少亮晶晶的玻璃小塔，不少的棉花，不少的汤和膏，三日一换，五日一移，只怕我绝食。

名师批注

动作描写——科学先生对细菌的照顾非常体贴，一系列动作不厌其烦，生怕照顾不周，让细菌"闹脾气"。

最后，他们想了一条妙计，请我到冰箱里去住了。受 4℃ 到冰点以下更冷的寒气包围，我的细胞就缩成了一个小丸，没有消耗，也无需饮食，可经数月而不饿死。这秘密，不知何时被他们探知了。

在冰箱里，像是我的冬眠。但这不按四时季节的冬眠，是随着他们看守者的高兴，又不是出于我的自愿。他们省了财力，累我受了冻饿，这有些是科学的资本主义者的手段了。

我对于寒冷气候的感觉，和我的年纪也有关系，年纪愈轻愈怕冷，愈老愈不怕，这和人类的情况恰恰相反。

从前，胡子科学先生和他的徒弟们，都以为我有不老的精神，永生的力量，说我每 20 分钟就变作 2 个，8 小时之后，就变成 16 千万个，24 小时之后，那子子孙孙就难以形容了，岂不是不久就要占满了全地球吗？

名师批注

列数字——细菌的繁殖非常快速，在几个小时之内就可以繁殖出非常多的后代。

现在胡子科学先生已不在人世，他的徒子徒孙对我的观感有些不同了。他们说：我的生活也可以分为少、壮、老三期，这是根据营养的盛衰，生殖的速度，身材的大小，结构的繁简而定的。

最近，有人提出我的婚姻问题了。我这小小家庭里面，也有夫妻之别，男女之分吧？这问题，难倒了科学先生了。有的说，我在无性的分裂生殖以外，还有有性的交合生殖。他们眼都看花了，意见还都不一致。我也不便直说了。

名师批注

比喻——当科学先生们将细菌带去做实验时，细菌就要经历各种折磨，"家庭"对它来说的确就成了充满痛苦的牢狱了。

科学先生的苦心如此，我在他们的娇养之下，无忧无虑，不愁衣食，也"乐不思蜀"了。

但是，他们一翻了脸，要提我去审问，这家庭就宣告破产，而变成牢狱了，唉！

名师批注

神态描写——在科学先生们的精心照顾下，细菌过着美滋滋的生活，丝毫无法想象接下来的遭遇。

无情的火

我踏进了玻璃小塔之后，初以为可以安然度日了。

想不到，从白昼到黑夜又到了白昼，刚刚经过了 24 小时的拘留，我正吃得饱饱的，懒洋洋地躺在牛肉汁里，由它浸润着。忽然塔身震荡起来，一阵热风冲进塔中，天窗的棉花塞不见了，从屋顶吊下来一条又粗又长、明晃晃、热烘烘的白金丝，丝端有一圈环子，救生环似的，把我钩到塔外面去了。

我真着慌了。我看见那位好生面熟的科学先生，坐在那长长的黑漆的实验桌旁，五六个穿白衫的青年都围着桌子，一双双眼睛都盯着我。

他放下了玻璃小塔，提起了一片明净的玻璃片，片上已滴了一滴清水，就将右手握着的那白金丝上的我，向这一滴水里一送，轻轻地涂搅，搅得我的身子乱转。

> **名师批注**
> 动作描写——科学先生通过一系列的操作，正在为接下来对细菌的研究做准备。

这一滴水就像是我的大游泳池，一刹那，那池水已自干了。于是我大难临头了。

我看见那酒精灯上的青光，心里已怦怦直跳了。果然，那狠心的科学先生一下子就把我往火焰上穿过了三次，使那冰凉的玻璃片，立时变成热烫热烫的火床了。我身上的油衣都脱化了。烧得我的细胞焦烂，死去活来，终于是晕倒不省"菌"事了。

> **名师批注**
> 心理描写——面对未知的命运，细菌内心非常惊慌忐忑，不知道怎么办才好。

据说，后来那位先生还洗我以酒，浸我以酸，毒我以碘汁，灌我以色汤，使我披上一层黑紫衣，又披上一件大红衣，都是为着便利于检查我的身体，认识我的形态，而发明了这些曲曲折折的手续。当时我是热昏了全然不知不觉的，一任他们摆弄就是了，又有什么法子想呢？

> **名师批注**
> 画面描写——细菌在火上炙烤，最终变得面目全非，让人不由心生同情。

自此以后，每隔一天，乃至一星期，我就要被提出来拷问，来受火苦刑。

火，无情的火，我一生中痛苦的经历，多半都是由于和它碰头。

> **名师批注**
> 排比——以充满趣味的古文句式，介绍了细菌的遭遇，调侃意味浓厚。

这又引起我早年的回忆了。

我本是逐着生冷的食物而流浪的。这在谈我的籍贯那一章已说得明明白白了。

在太古蛮荒的时代，人类都是茹毛饮血，茹的是生毛，饮的是冷血。那时口关的检查不太严，食道可以随意放行，我也自由自在无阻无碍地跟着那些生生冷冷的鹿肉哇，羊心哪，到人类的肚肠去了。

自从传说中，也不知第几任的中国帝王，那淘气的燧人氏，那钻木取火的燧人氏，教老百姓吃熟食以来，我就自己的生计问题，曾经有过一次极大的恐慌。

后来还亏这些老百姓不大认真，炒肉片吧，炒得半生半熟，也满不在乎地吃了。不然就是随随便便地连碗底都没有洗干净就去盛菜，或是留了好几天的菜，味都变了，还舍不得扔，这就给我一个"走私""偷运"的好机会了。他们都看不出我仍在碗里活动。

热气腾腾的时候，我固然不敢走近；凉风一拂，我就来了。

其实，我最得力的助手，还是蝇大爷和蝇大娘。

我从肚肠里出来，就遇着蝇大爷。我紧紧地抱着它的腰，牢牢地握着它的脚。它"嗡"的一声飞到大菜间里去了。它"扑"的一下停落在一碗菜的上面，把身子一摇，把我抛下去了。我忍受着菜的热气，欢喜那菜的香味，又有的吃了。

我吃得很惶惑，抬起头来，听见一位牧师在自言自语："上帝呀，万有万能的主哇！你创造了亚当和夏娃，又创造了无数鸟兽鱼虫、花草木兰来陪伴他们，服侍他们。你的工作真是繁忙啊！你果真于六天之内就造成了这么多的生物吗？你真来得及吗？你第七天以后还有新的作品吗？……

"近来有些学者对你产生怀疑了。怀疑有好些小动物都未必是由你的大手挥成的。它们都可以自己从烂东西里，自然而然地产生出来。就如苍蝇、萤火虫、黄蜂、甲虫之流，乃至于小老鼠，都是如此产生的。尤其是苍蝇，苍蝇的公子哥儿的确是自然而然地从茅厕坑里跳出来的呀！……"

我听了暗暗地好笑。

这是 17 世纪以前的事。那时的人，都还没有看见过蝇大娘的蛋，看见了也不知道是什么。

不久之后，在 1688 年的夏天，有一回，我跟着蝇大娘出游，游到了意大利一位生物学先生的书房里。它停落在一张铁纱网的面上，跳来跳去，四处探望。它闻到一阵阵的肉香，却不见一块块的肉影。它更着急了，用那一只小脚乱踢，把我踢落到那铁纱网的下边去了。原来肉在这里！

这是这位生物学先生的巧计。防得了苍蝇，却防不了我。小苍蝇虽不见飞进去，而那一锅的肉却依旧酸了、烂了。

从此苍蝇的秘密被人类发觉了。为着生计问题，于是我更无孔不钻、无缝不入了。

我也不便屡次高攀苍蝇的贵体，这年头，专靠苍蝇大爷和苍蝇大娘谋食，是靠不住的呀！于是我也常常在空气中游荡，独自冒险远行以觅食。

有一回，是 1745 年的秋天吧，我到了爱尔兰，飞进了一位天主教神父的家里。他正在热烈的火焰上烧着一大瓶的羊肉汤，我闻着羊肉气，心怦怦地动，又怕那热气温度太高，不敢立刻下手。

他煮好了，放在桌上，我刚要凑近，陡然一下，那瓶口又给他紧紧密密地塞上了木塞子。我四周一看，还有个弯弯的大缝隙，就索性挤进去了。

初到肉汤的那一刻，我还嫌太热，一会儿就温和而凉爽了。一会儿，忽然又热起来了，那肉汤不停地乱滚，滚了有两个小时，这才歇息了。我一上一下地翻腾，热得要死，往外一看，吓得我没命，原来那神父又在火焰上烧这瓶子了！烧了快一个小时的光景。

我幸而没有被烧死，逃过了这火关，就痛快地大吃了一顿，把这一瓶清清的羊肉汤搅浑得不成样子了，仿佛是乱云飞絮似的上下浮沉。那阔嘴的神父，看了又看，又挑了一滴放在显微镜下再看，看完之后，就大吹大擂起来了。他说："我已经烧尽了这瓶子里的生命，怎么又会变出这许多来了？这显然是生物从羊肉汤里自然而然地产生出来的呀！"

我听了又好气又好笑。

这样糊里糊涂地又过了24年。

到了1769年的冬天，意大利又发出反对这种"自然发生学说"的呼声，这是一位秃头教士的声音。他说："那爱尔兰神父的实验不精到，塞没有塞好，烧没有烧透，那木塞子是不中用的，那一个小时是不够用的。要塞，不如密不透风地把瓶口封住了。要烧，就非烧到一小时以上不可。要这样才……"

我听了这话，吃惊不小，叫苦连天。

一则有绝食的恐慌，二则有灭身的惨祸。

这是关于我的起源的大论战。教士与神父怒目，学者和教授切齿。他们起初都不能确定我出身何处，起家哪里；从不知道或腐或臭的肉哇，菜呀，都是我吃饱了的成绩。他们却瞎说瞎猜，造出许多科学的谣言来，什么"生长力"呀，什么"氧化作用"啊，一大堆的论文，其实那黑暗的主动者就是我，都是我，只有我！

仿佛又像诸葛亮和周瑜定计破曹操似的，这些科学的军师们，一个个的手掌心，都不约而同地写着"火"字。他们都用火来攻我，用火来打破这微生物的谜。

火，无情的火，真害我菌儿过得好苦也！

这乱子一直闹了一个世纪，一直闹到了 1864 年的春天，才给那位著名的胡子科学先生的实验，完完全全地解决了。

说起来也话长，这位胡子科学先生真有了不起的本事，真是细菌学军营里的"姜子牙"。我这里也不便细谈他的故事了。

单说有一天吧。这一天我飘到了他的实验室里了。他的实验室我是常去的。这一次却没有被请，而是我独立闲散地飞游而去的。

我看见满桌上排着二三十瓶透明的黄汤，有肉香，有甜味。那每一只的瓶颈，都像鹤儿的颈子一般，细细长长地弯了那么一大弯，又昂起头来。我禁不住就从一只瓶口扬长飞进去了。可是，到了瓶颈的半路，碰了玻璃之壁，又滑又腻的壁，费尽气力也爬

读书笔记 ●••••••••••••
在你家的冰箱里，你能不能找到细菌的这些踪迹呢？

名师批注

类比——将科学家与细菌的关系，同诸葛亮、周瑜对曹操的关系进行类比，写出了科学家对细菌存在的探索，以及两者之间剑拔弩张的关系。

名师批注

心理描写——火的炙烤对于细菌来说是莫大的折磨，让它的内心充满了愤怒和委屈。

读书笔记 ●••••••••••••
这位科学家是谁呢？

读书笔记 ●••••••••••••
为什么细菌在这里进不去了？

不上去，真是苦了我，罢了罢了！

那胡子科学先生一天要跑来看几十次，看那瓶子里的黄汤仍是清清明明的，阳光把窗影射在上面，显得十二分可爱，他脸上现出一阵一阵的微笑。

这一下，他可把"自然发生说"的饭碗完全打翻了。为的是我不能到里面去偷吃，那肉汤，无论什么汤，就不会坏，永远都不会坏了。

于是，他疯了似的，携着几十瓶的肉汤，到处寻我，到巴黎的大街上，到乡村的田地上，到天文台屋顶的空房里，到黑暗的地窖里，到了瑞士，爬上阿尔卑斯山的最高峰去寻我。他发现空气愈稀薄，灰尘愈少，我也愈少，愈难寻。

寻我也罢，我不怪他。只恨他又拿我去放在瓶子里烧。最恨他烧我又一定要烧到110℃以上，120℃以上，乃至170℃。用高压力来烧我，用干热来烧我，烧到了一个小时还不肯止呢！

火，无情的火，是我最惨痛的回忆呀！

现在胡子科学先生虽已不见了，而我却被囚在这玻璃小塔里，历万劫而难逃，那塔顶的棉花网，就是他所想出的倒霉的法子。至于火的势力，哎哟！真是大大地蔓延起来了。

火，无情的火，实验室的火，医院的火，检疫处的火，到处都起了火了。果真能灭亡了我吗？

我的儿孙布满陆地、大海与天空。

毁灭了大地，毁灭了万物，才能毁灭我的菌群！

水国纪游

实验室的火要烧焦了我，快了。

渴望着水来救济，期待着水来浸洗，我真做了庄周所谓的"涸辙之鲋"了。

无情的火处处致我灼伤，有情的水杯杯使我留恋。世间唯水最多情！这话遭水灾地区的灾民听了，有些不同意吧？

"你看那滔天大水，使我们的田舍荡尽，水哪里还有情？！"

这是因为从大禹以来，中国就没有个能治水的人，顺着水性去治，把江河泛滥的问题，一劳永逸地解决了。

中国的古人曾经写成了一部《水经》，可惜我没有读过，但我料他一定把我这一门，水族里最繁盛的生物，遗漏了。我是深明水性的生物。

水，我似听见你不平的流声，我在昏睡中惊醒！

五月的东风，卷来了一层密密的黑云，遮满了太平洋的天空。

我听见黄河的吼声、扬子江的怒声、珠江的喊声，齐奔大海，击破那翻天的白浪。

这万千的水声，洪大、悲壮、激昂，打动了我微弱的胞心，鼓起了我疲惫的鞭毛。

水，我对于你，有遥久深远的感情，我原是水国的居民。

水，你是光荣的血露，神圣的流体！

地面上的万物都要被你所冲洗。

名师批注

对比——火给了细菌折磨，而水给了细菌生长的温床，细菌对于二者的情感也非常不同，对于水的留恋、喜爱是显而易见的。

读书笔记

如此充满诗意的语句，请任选一个角度进行赏析。

水，我爱你的浊，也爱你的清。

清水里，氧气充足，我虽饿肚皮，却能延长寿命。

浊水里，有那丰富的有机物，供我尽情地受用。

气候暖，腐物多，我就很快地繁殖。

气候冷，腐物少，我也能安然地度日。

气候热，腐物不足，我吃得太迅速，那生命就很短促了。

水，什么水？是雨水。雨水把我从飞雾浮尘，带到了山洪、溪涧、河流、沟壑。浮尘愈多，大雨一过，下界的水愈遍满我的行踪。

我记起了阿比西尼亚雨季的滂沱。法西斯头子墨索里尼纵使并吞了阿国，也消灭不了那滂沱，更止不住我从土壤冲进了江河。

雨季连绵下去，雨水已经澄清了天空，扫净了大地，低洼处的我，虽不会再变多，有时反而被那后降的纯洁的雨水逐散了，然而大江小河，这时已浩浩荡荡满载着我，这将给饮食不慎的人群以相当的不安哪！

水，什么水？是雪水。我曾听到胡子科学先生得意扬扬地说过，山巅的积雪里寻不见我。我当然不到那寂寞荒凉的高峰去过活，但将化未化的美雪，仍然是我冬眠的好地方。

雪花飞舞的时候，碰见了不少的灰尘，我又早已伏在灰尘身上了。瑞典的都城，地处寒带而多山，日常饮用的水，都取自高出海面 160 米的一个大湖。平时湖水还干净，阳春一发，雪块融化，拖泥带土而下，卫生当局派员来验，说一声"不好了"，我想，这又是因为我的活动吧！

水，什么水？是浅水，是山泽、池沼及一切低地的蓄水。最深不到5尺，又那么静寂，不大流动。我偶尔随着垃圾堆进去，但那儿我是不大高兴住久的。那儿是蚊大娘的娘家，却未必是我的安乐窝。

尤其是在大夏天，太阳的烈焰照耀得我全身发昏。我最怕的是那太阳中的"紫外线"，残酷的杀菌者。深不到5尺的死水，真是使我叫苦，没处躲身了。5尺以上的深水才可以暂避它的光芒。最好上面还有一层污物，挡住那太阳！

我又不喜那带点儿酸味的山泽的水，从瀑布冲来了山林间的腐木烂叶，浸成了木酸叶酸，太有刺激性了。

如果这些浅水里，含有水鸟鱼鳖的腥气，人粪兽污的臭味，那又是我所欢迎的了。

水，什么水？是江河的水。江河的水满载着我的粮船，也满载着我的家眷。法国的罗尼河曾是一条著名的"伤寒"河；德国的易北河是一条历史的"霍乱"河；美国的伊利诺河又是一条过去的"伤寒"河。"霍乱"和"伤寒"，还有"痢疾"，是世界驰名的水疫，是由我的部下和人类暗斗而发生的。其间，自有一段恶因果，这里且按下不表。

中国的江河，自然也不例外。

有人说：江河的水能自清。这是诅咒我的话。不是骂我早点儿饿死，就是讥笑我要在河里自杀。我不自尽，江河的水怎么会清呢？

然而，在那样肥美的河肠江心里游来游去，好不快活，我又怎肯无端自杀，更何至于白白地饿死？

名师批注

心理描写——因为细菌的滋生，导致湖水水质变差，细菌似乎还有些骄傲，充满孩子气。

读书笔记

结合下文进行总结：为什么细菌不大高兴在浅水中久住？

名师批注

举例子——在江河的水中，通常也充满细菌，有些甚至对人体有害，所以人类需要多注意呀！

☑ 灰尘的旅行

读书笔记 ••••••••••••••••

河水为什么还是自清了？

然而，毕竟河水是自清了。美国芝加哥大学有一位白发斑斑的老教授，曾在那高高的讲台上说过：当他在三十岁正值壮年的时候，初从巴黎游学回来，对我极感兴趣，曾沿着伊利诺河的河边，检查我菌儿的行动。他在上游看见我是那样地神气，是那样地热闹，几乎每一滴河水里都围着一大群。到了下游，就渐渐地稀少了。到了欧地奥的桥边，我更没有精神了。他当时心下细思量，这真奇怪，这河里的微生物是怎样没落的呢？难道河水自己能杀菌吗？

河水于我，本有恩无仇。无奈河水里常常伏着两种坏东西，在威胁我的生存。它们也是微生物。我看它们是微生物界的捣乱分子，专门和我做对头。

读书笔记 ••••••••••••••••

在细菌眼中，为什么科学家是在"恭维"原虫？

一种比我大些，它是动物界里的小弟弟。科学先生叫它"原虫"，恭维它做虫的"原始宗亲"。我看它倒是污水烂泥里的流氓强盗。最讨厌的是那鞭毛体的原虫。它的鞭毛，比我的更粗更大，也活动得厉害，只要那么一卷，便把我一口吞吃而消化了。

它的家庭建筑在我的坟墓上，你说我恨不恨？

另一种坏东西比我还要小几百倍，它能很自由地钻进我身子里，去胀破我那已经很紧的细胞，因此科学先生就唤它"噬菌体"。你看它的名字就已明白，它是和我作对的。它真是小鬼中的小鬼！

水，什么水？是湖水。静静的，平平的，明净如镜，树影蹲在那儿，白天为太阳哥拂尘，晚上给月亮姐洗面，没有船去搅它，没有风去动它，绝不起波纹。在这当儿，我也知道湖上没有什么好买卖，也就悄悄地沉到湖底归隐去了。

名师批注

反问——原虫对细菌造成了很大的伤害，细菌内心对原虫肯定是充满怨恨的。

名师批注

环境描写——湖水温柔恬静，树影移动，活泼可爱，一切在细菌眼中都是十分美好的。

这时候，科学先生，在湖面寻不着我，在湖心也寻不出我，于是他又夸奖那停着不动的湖水有自清的能力呀。

可是，游人一至，游船一开，在酣歌醉舞中，瓜皮与果壳乱抛，在载言载笑间，鼻涕和痰花四溅，那湖水的情形又不同了。

读书笔记 ·················
我们能做些什么来减少湖水中的细菌？

水，什么水？是泉水，是自流井的水，是地心喷出来的水。那水才是清。那儿我是不易走得近的。那儿有无数的石子沙砾绊住我的鞭毛，牵着我的荚膜不放行。这一条是水国里最难通行的险路，有时我还冒着险往前冲，但都半途落荒而逃了。

水，什么水？是海水，是以又咸又苦著名的盐水。咸鱼、咸肉、咸蛋、咸菜，凡是咸过了七分的东西，我就有些不肯吃了。最适合我胃口的咸度，莫如血、泪、汗、尿，那些人身体中的水流。如今这海水是纯盐的苦水，我又怎么愿意喝？

名师批注
拟人——细菌也很挑食，如果不符合它的标准，便不会食用，这其实也给了我们一些关于如何避免细菌滋生的启示。

不过，海底还是我的第一故乡，那儿有我的亲戚故旧，我曾受着海水几千万年的浸润。现在虽飘游四方，偶尔回到老家，对于故乡的风味，虽然咸了些，也有些流连，不忍即去呢。

我在水里有时会发光。所以在海上行船的人，在黑夜里，不时望见那一望无际的海面，放出一闪一闪的磷光，那里面也夹着一星一星我的微光。

我自从别了雨水以来，一路上曲曲折折，看见了不少的风光人物：不忍看那残花落叶在水中荡漾，又好笑那一群喜鸭在鼓掌大唱；不忍听那灾民的叫爹叫娘，又叹息那诗人的投江！

名师批注
叙述——细菌寿命很长，见证的历史变迁也很丰富。

五月的东风，

吹来一片乌云，

遮满太平洋的天空。

我到了大海，

观看江口河口的汹涌澎湃。

涌起了中国的怒潮！

冲倒了对岸的狂流！

击破了那翻天的白浪！

洗清了人类的大恨！

…………

读书笔记 •·········
这段话给了你怎样
的启发？

看到这里，我想，那些大人物争权夺利的大厮
杀，和我这微生物小子有什么相干呢？

生计问题

游完了水国，我躺在海洋上，感受那波涛的荡
漾。仰看白云在飘游，我羡慕着它们的自由。

名师批注

心理描写——本
身已经算得上自
由自在的细菌，还
羡慕飘游的白云，
可见它的自由活
动也是受到限制
的呢！

在海天一色的包围中，海风吹起浪花溅，浪花
呀！它无力送我上云霄。那海水又太咸了，不中吃。
我真觉着有些苦闷了。

我只得期待鱼，它会鼓着鳃来吞我。鱼要被渔夫
捕，我伏在鱼腹里，就有再到岸上的机缘了。到了岸
上，我的生活就不致发生恐慌了。

我打算在厨子先生洗鱼肚的时候，可以一溜就溜
到垃圾桶里去。在垃圾桶里，我跟生物社会的接触一
多，谋食便不难了。

不幸而溜不过去，那就只有混在生鱼粥里到人类口

中的希望了。总之，我先在那半生半熟的鱼身里偷活，再到那半臭半腥的人肚里寄生罢了。然而，我终于又厌倦了胃肠里的沉闷的生活，痛快地随着大便出来了。

经过曲曲折折的途径，不久，我和我的家人朋友又都回到土壤的老家团聚。

这里我得补叙一下，在到岸上之前，那海鱼肚子里的环境，于我有时是不利的，它的消化力太强了。

于是，我又曾趁着潮水的高涨，回到河肠江心，去央求淡水中的鱼，顺便又疏通了螃蟹虾蛤蚌螺之类人类所爱吃的水中生物，请它们帮忙提拔。它们也都答应了。当中，蚝似乎和我最有交情。它在污水里每小时一收一放的水量，竟有两升之多。我也就混在那污水里。它的蚝壳就成为我临时的住宅了。

据说，岸上有很多人因吃了没有煮熟的蚝，都得了伤寒病啦。那科学先生就又怪我了，说什么蚝之类的生物还是我暗杀人类的秘密机关呢。这我以后当然要申辩的，这里不便多啰唆了。

且说，我既从水国回到了土乡，天天望见那时放异彩的浮云，好不逍遥自在，我渴望着和它交游。但那时地上仍很湿，连我身上的鞭毛，都被泥土所粘，舞动不起来，更何况高飞远扬呢？虽有时攀着苍蝇的毛腿出游，但它又是低着头飞，至多也飞不上半里路，就停下来一脚把我踢落在地上了。

虽然在地上我是不愁衣食的，然而我对于天空的幻想，又使我盼望秋之来临了。那时天高气爽，尤其是在中国的故都北平（1936 年时，北京称为北平）和美国中部第一大城——密歇根湖畔的芝加哥，这两个

名师批注

叙述——细菌会经由半生半熟的食物进入人的肠道，在人的肠道里偷活，所以我们平时要避免吃半生半熟的食物呀！

名师批注

心理描写——在土壤里，细菌依旧向往着浮云，内心对于自由的渴望愈发深重，从中透露出小孩子般的天性，令人怜爱。

名师批注

列数字——细菌在风力的帮助下，可以飞到 4000 多米的高空，令人不得不惊叹。

名师批注

联想——细菌的旅途，在作者的联想中与大诗人雪莱的诗歌有了关系，生动有趣。

名师批注

拟人——将大地拟人化，干旱时的大地仿佛憋足了劲，以至于最终裂开。人们在这样的干旱天气里，饱受折磨。

读书笔记

这一句运用了什么修辞手法？请分析它的作用。

名师批注

化用诗句——"君不见，黄河之水天上来，奔流到海不复回。"细菌在面对干旱时也是十分无奈的呀！

著名的"灰尘的都市"，一到了秋冬，就刮大风，将沙尘卷入天空，那时我就骑在沙尘身上而高翔了。风力益健，我竟直飘上青天 4000 米以上，那固然是罕有的事，我也真可以傲飞鸟而笑白云了。

记得 19 世纪初期，英国的年轻诗人雪莱，曾唱着《西风之歌》，他愿意做一瓣浪花、一片落叶、一朵白云，躺在西风里任它飘荡去。他把一切的思想、情感、希望都寄托着西风去散播了。我想，我这一次上青天驾白云，也该感谢风爷的神力呀。

我正在这样想，忽然记起了一件伤心的往事，那就是世界各地的旱灾。

旱灾一来，全生物界都起了恐慌。那时大地涨红了脸，甚至于破裂。生物焦的焦死，饿的饿死，看不见点绿滴青，看见的尽是枯干瘦木，那半由于暴日的肆虐，半由于风爷的发狂。

那风爷也太发狂了，云和雨都被它吹散了，在大旱期间，连西风也不怀好意了。

前几年，我也曾亲见过中国西北那持续三四年的旱灾，那时狂风忽然吹起漫天的尘沙，天地发昏，在烈日和饥渴的煎迫之下，成千成万的人死了。

有的人还以为地面上堆着这许多的尸体腐物，是我口福的大造化，我可以乘风四游，到处得食了。哪里知道当这大旱临头，我也万分焦急，我虽有坚实的芽孢，可以在空气中苟延性命，但也经不起热与干长期的压迫。地上的干粮虽堆积如山，但没有一些水汽的浸润，我是吃不动的呀。君不见大沙漠中，哪里都没有我的影踪。

我爱的是湿风，我怕的是热风。

我的小身子又是那样轻飘，我那一粒单细胞还不及一千兆分之一克重。我既上升，就不易下降，终日飘荡在天空。只有雨雪霜露方能使我再落尘间。罢了，罢了，在大旱天我是受着风爷的欺骗了。

我凄凉地度过了冰雪的冬天，到了春风和畅的季节，下界雨量充足，草木茂盛，虫鸟交鸣，生物都欣欣然有喜色。那时，我早已暗恨着天空的贫乏，白云的无聊，思恋着地上的丰饶。

于是那善变的风爷又改换了方向来招我下凡了。

我别了白云，下了高山，随着风爷到了农村。农村里遍地花红叶绿，我逢花采花，逢叶摘叶，凡是吃得动的植物，无所不吃。这也是因为植物的体温，和当时空气的温度相去不远，我又是新从天空来的，当然先以它们的身体为合宜的寄食之所了。

我尤喜那似胶似漆富有黏液的果皮瓜皮，那潮湿而有皱痕的菜叶菜管，它们都是我的天然宿舍旅馆。我的家人朋友成亿成兆地在这儿过活。

据美国农业部化学局最近的调查，他们代我估计了一下，在那含有铁质最高的蒲菜身上，每1克重的分量里面，就有我25万菌儿在迅速地繁殖着。这不是一个很惊人的数目吗？

我随着风爷而飘游，走遍了五大洲，世界的农村都到过了。小的植物不用说，那我是都光顾到了的。就是抵抗力强盛的大松大柏，它们的风味，我也都一一领略过了。算得出的，在有花植物之部，我曾吃过了66科，150目。在隐花植物之部，就记不清了。

名师批注

心理描写——当细菌委屈于天空的贫乏时，便想起了地上的丰饶。

名师批注

动作描写——细菌跟随春风来到农村，占据了天时地利人和的优势，一路顺风顺水。

名师批注

列数字——1克重的蔬菜中，就有25万细菌，数量的极致对比之中，突出了细菌数量之大，体积之小。

不过，植物之遭我暗算，人类是从来不知道的，以为是它们自己内部的溃烂，或专去骂昆虫那些小妖物的恶作剧。

谁知道，有一回，我在法国南部的田园里，大啖葡萄的时候，又被那位多疑的胡子科学先生发觉了。从此他的徒弟徒侄们，就加紧研究我和植物之间种种不正常的关系，宣布了我的罪状。于是农民们就痛恨我，说我太不讲情理了，破坏他们的农作物，用药用火，千方百计来歼灭我。这真是冤枉。我也是为着生计问题所迫而来的呀！吃的都是大自然所分赠的食物哇！它们又没有注定给人类——这生物的特殊阶级，单独地享用啊！

我在生物界中要算是最不安定的分子了。四方飘游，到处奔流，无非为着自由而努力，为着生活而奋斗。浮大海，吃不惯海水的咸味；居人肚，闷不过小肠的束缚；返土壤，受不住地方的限制；飘上天空，又嫌那天空太空虚了。历尽水旱的苦辛，结识了鱼和风爷，最后到了农村，那儿食粮充足，行动比较自由，我自认为是乐土了。岂料那自私自利的人类，忽来从中作梗，从此我将永远不得安宁了，唉！

呼吸道的探险

我在乡村的田园间，仍然过着颠沛流离的生活，处处靠着灰尘的提携。

那灰尘真像是我的航空母舰，上面载着不少的游伴。

这些游伴的分子也太复杂了。矿、植、动三大界

名师批注

感叹——自然界适者生存，从细菌的角度来说，它所做的一切似乎也情有可原。

名师批注

排比——细菌在自然界无处不在，生存能力很强，但是在不同环境中也会受到不同限制。

名师批注

比喻——细小的灰尘对于细菌来说却是航空母舰，既说明了灰尘承载细菌传播的作用，也突出了两者之间体积的差别。

都有，连我菌物在内，一共是四色了。

矿物之界，有煤烟的炭灰，有火山的破片，有海浪的盐花，有陨星的碎粒，还有各式矿石的散沙，都随着大风而远扬。

植物之界，有花蕊、花球的纷飞；有棉絮、柳丝的飘舞；有种子、芽孢、苔藻、淀粉、麦片以及各式各样的植物细胞的乱奔狂突。

动物之界，有皮屑、毛发、鸟羽、蝉翼、虫卵、蛹壳以及动物身上一切破碎零星的组织的东颠西扑。

菌物之界，有一丝一丝的霉菌，有圆胖圆胖的酵母，在空中荡来荡去。最后就是我菌儿这一群了。

这是灰尘的大观。这之间以我族最为活跃。我在灰尘搭载的乘客中，算是身子最轻，活动的范围也最广的。

这些风尘仆仆中的杂色分子，又像是一群流浪儿，一群迷途的羔羊啊。

名师批注

比喻——与细菌相比，其他分子似乎显得有点儿可怜，只能被看作流浪儿、迷途的羔羊。

我紧牵着这一群流浪儿的手，在天空中奔逐，到处横冲直撞，不顾一切利害。

记得有一回，还是在洪荒时代吧，我正在黑夜的森林中飞游，忽然碰了一个响壁，原来是蝙蝠的鼻子。我在暗中摸索，堕进了它鼻孔的深渊，觉得很柔滑很温暖。但不久，我被它强有力的呼吸一喷，就翻了几个跟头出来了。

名师批注

动作描写——细菌遇到蝙蝠，也得小心翼翼，不然一不小心就要被呼吸喷出来啦！

后来，我冲进它的鼻孔里去的机会愈来愈多了。然而，它这一类动物，呼吸道的抵抗力颇强，颇不容易攻陷，它的"扁桃腺"（扁桃体的旧称）也发育得不大完全。

☑ 灰尘的旅行

读书笔记 •·············
请查阅资料，了解一下"扁桃腺"。

"扁桃腺"这东西是淋巴组织的结合，淋巴腺之一大种。在腭部有腭扁桃腺，在咽喉间有咽扁桃腺，在小脑上有小脑扁桃腺。如此之类的扁桃腺，自我闯入动物体内之后，都一一碰到了。

动物体内的淋巴组织是含有抵抗作用的。淋巴细胞也就是抗敌的细胞，是白血球（白细胞的旧称）之一种。所以淋巴这草黄色的流液，实富有排除外物的力量啊，我往往为它所驱逐而逃亡。

那么，扁桃腺就是淋巴组织最高的建筑物，就是动物身内抗菌的大堡垒了。当我初从鼻孔或口腔进到舌上喉间的时候，真是望之而生畏。

名师批注

比喻——扁桃腺作为堡垒，起着守卫人类健康安全的作用。

我后来走熟了这两条路，看出了扁桃腺的破绽与弱点。原来它的里外虽有很多抗敌的细胞把守，但它的四周空隙深凹之处可真不少，那里的空气甚不流通，来来往往的食货污物又好在此地集中，留下不少的渣滓，反而成为我藏身避难的好所在了。

名师批注

说明——细菌总是见缝就钻，一旦扁桃腺出现什么问题，它就会乘虚而入。

我就在这儿养精蓄锐，到了有机可乘时，一战便占领了扁桃腺，作为攻身的根据地了。于是那动物就发生了扁桃腺炎（扁桃体炎的旧称）了。这在人类就非常着急，认为扁桃腺在人身上有反动的阴谋，和盲肠尾（阑尾的旧称）一样是下贱东西，无用而有害，非早点儿割弃它不可。

其实人身的扁桃腺及其他淋巴腺愈发达，尤其是呼吸道的淋巴腺愈发达，愈足以表现出人菌战争之烈。

人若得胜，淋巴腺则是防菌的堡垒；我若得胜，这堡垒则变成我的势力区了。

名师批注

对比——人与细菌之间的战争结果，决定着淋巴腺的作用。

淋巴腺，在动物的进化过程中，还是比较新的东西。这是由于我的长期侵略，它们的积极抵抗，相持既久，它们体内就产生了这种防身的组织。

我生平对于冷血动物，素以冷眼看待，不似对于热血动物那般热情，所以我在它们体内游历的时候，也没有见过什么淋巴腺、扁桃腺之类的组织，这是因为我很少侵略它们的内部器官，我不过常拿它们的躯壳当作过渡时期的驻屯所罢了。有时还利用它们作为我投奔高等动物身内的天梯或桥梁哩。这之间就以昆虫类最肯帮我的忙，尤以苍蝇、蚊子、臭虫、跳蚤、身虱、八角虱之流，这些人类所深恶的东西，更喜欢和我密切地合作，这是后话。不过，我如果想从鼻孔进攻人、兽之身，那还须靠灰尘的牵引。

我曾经游遍了普天下动物的身体，只见到鸟类和哺乳类有淋巴腺、扁桃腺之类的抗敌组织，而以哺乳类的淋巴腺最为发达。到了人，这淋巴腺的交通网更繁密了。人原是顶多病的动物哇。淋巴腺在进化途中实是抵御传染病的一块纪念碑呀。

高空的飞鸟绝不会得肺痨病，它们常吸新鲜的空气，它们的呼吸道里我是不大容易驻足的，因此这条道上的淋巴腺也没有它们消化道的肠膜下的淋巴腺那样多。

肺痨病虽有鸟、牛、人之分，而关系鸟的部分受害者也只限于鸡鸭之群——人类篱下的囚徒罢了。于是它们呼吸道里的淋巴腺，是比飞鸟的增加了。

至于蝙蝠这夜游的动物，好在檐下或树林间盘旋飞舞，我自从那一回碰到了它的鼻子之后，就渐渐地熟悉它的呼吸道上的情形了。我见它当初也没有什么

读书笔记 ••••••••••
自然界中有哪些冷血动物？它们身上的细菌是不是真的很少？

读书笔记 ••••••••••
为什么这些昆虫最喜欢帮细菌？

名师批注
比喻——将淋巴腺比作一块纪念碑，说明了淋巴腺在抵御传染病方面的巨大作用，绝对缺不得呀！

名师批注

叙述——自然界很多生物的进化，都是由环境变化而来的呀！

扁桃腺，后来为了对付我而新添了这件隆起的东西。

由此可见，我和动物的呼吸道发生了关系之后，扁桃腺及其他淋巴腺所处地位变得更加重要了。所以，我在这一章的自传里，特地先记述它们。它们的产生是由于我的刺激，我的行动又以它们为路碑，我和它们的关系是多么密切呀。

我冲进鸟兽和人的鼻孔的机会固然很多，但这也要看灰尘的多寡，鸟兽之群及人口的密度如何。

名师批注

对比——不同环境中，细菌生长情况不同。我们也要尽量避免去到细菌密集分布的地方，减少感染呢！

高阔的天空不如山林的草原，农村的广场不如都市的大街，公园不如戏院，贵人的公馆不如十几个人一间的黑暗的棚户。总之，人烟愈稠密，人群愈拥挤，我从空中到鼻子，从鼻子又到别的鼻子的机会也愈多了。

我在乡村的田园上飞游之时，生活过于空虚，颇为失意。于是，趁着乡下人挑担上城的时候，我就附着在他的身上，到这浮尘的都市观光来了。

在都市的热闹场所，我的生意极其兴隆。这儿不但有灰尘代我宣扬，还有痰花口沫的飞溅助我传播。

从此呼吸道上总少不了我的影子。这条入肺的孔道，我是走得烂熟了。它的门户又是永远开放的。

虽然，婴儿初离母胎的当儿，他的鼻孔和口腔以内，是绝对没有我的踪迹的。但数小时之后，我就从空气中一批一批地移民来此垦殖了。

名师批注

说明——细菌虽然随处可见，但是也不是那么容易生存的，需要满足非常多的条件！

我的移民政策是由呼吸道的形势与生理上的情形来决定的。要看那块地方，气候的寒暖如何，湿度如何，黏膜上有无缝隙深凹之处，氧气的供给是否太多，组织和分泌汁的反应是酸是碱抑或是中性，细胞胞衣上的纤毛活动力是否太强烈。须等到这些条件都适合于我的生活需要了，然后这曲折蜿蜒海岸线似的呼吸道，才有我立身插足之地呀！

此外，还有临时发生的事件，也足以助长我的势力，如食货和外物的停积，加厚了我的食粮；如黏膜受伤而破裂，便利了我的进攻。更有那不幸的矿工，整天呼吸着矽（硅的旧称）灰，他的肺瓣硬化了，变成了矽肺（硅肺的旧称），这矽肺是我所最喜盘踞的地方。我家里那个最不怕干的孩子，人们叫它"痨病菌"的，便常在这矽肺上生长繁殖，于是科学先生就说，矽肺乃是肺痨病的一种前因。这是矿工受了工作环境的压迫，没有得到卫生的保障，人必先糟蹋了自己的身体，而后我才有机可乘，这不能专怪我的无情吧。

在十分柔滑而又崎岖不平的呼吸道上，我的行进有时是有如许的顺利，而有时又甚艰险了。因此，我这一群里，有的看呼吸道如"天府之国"，有久居之意；有的又把它当作牢狱似的，一进去就巴不得快快地出来；又有的则认为它是临时的旅舍，可以来去无定。这样，终主人的一生，他的呼吸道上，是从不会离开我的形影的。

这呼吸道又很像一条自由港，灰尘的船只可以随意抛锚。就我历次经验所知，这条曲曲折折的自由港又可分为里中外三大湾。

里湾以肺为界岸，出去就是支气管，然后是气管，然后是喉。中湾介于口腔与鼻洞之间，是呼吸道和食道的三岔路口，是入肺入胃必经的要隘，隆肿的

读书笔记 ●••••••••••
这句话在保护身体方面给了你怎样的启示？

读书笔记 ·············
请查阅资料，明确
呼吸道的里中外三
大湾。

扁桃腺就在这里出现，这一湾的地名就叫作"口咽"。口咽之上为"鼻咽"，那是外湾的起点了。鼻咽之前就是纡曲的"鼻洞"，分为两道，直通于外。

纡曲的鼻洞，我是不大容易居留的，那里时有大风出入，鼻息如雷，有时鼻涕像瀑布一般滚滚而流，冲我出来了。所以在平时，鼻洞里的我大都是新从空气游来的，而且数目也不多。我本是风尘的游客，哪配久恋鼻乡呢？何况前面还有森严的鼻毛，挡住我的去路哇！

可是，鼻洞里的气候时时在转变着，寒暖无常，有时会使鼻禁松弛了，我也就不妨冒险一冲，到了鼻咽里来了。

名师批注
反问——一向嚣张的细菌在鼻子中也待不长，人类的免疫系统还是非常强大的呀！

在鼻咽里，我是较易于活动，而能迅速地繁殖的。但，我的繁荣，究竟是受了当地食粮的限制，于是我不得不学侵略者的手段了。我这也是为着生计所迫，而不能不和鼻咽以内的细胞组织斗争啊！

所以，到了鼻咽以后，我的性格就不似从前在空中时那样浪漫与无聊，真变得泼辣勇猛多了。

名师批注
双重否定句——细菌站在自己的角度，说它与人体的战争，有时也是迫于生计，实属无奈。

由鼻咽到口咽，一路上准备着厮杀，准备着进攻。我望见那红光满目的扁桃腺，又瞥见那一开一合的大口，送进一闪一闪的光明，光明带来了许多新鲜的空气。我在这歧路上徘徊观望，逡巡不敢前进。久而久之，习惯使我胆壮，我就在口咽的上下，扁桃腺的四周埋伏，等候着乘机起事。所以在人身体中，我的菌众与种类，除了盲肠的左右以外，要算以咽喉之间为最多了。

我在呼吸道上进攻的目的地，当然是肺。

那儿有吃不尽的血粮，

那儿有最广阔的地场，

肺尖又脆肺瓣又弱，

我可以长期地繁殖着，

但我在达到肺腑前，

要尝尽千辛万苦；

一越过了软骨的音带，

突然就遇着诸种危害：

四围的细胞会鼓起纤毛来扫荡我，

两旁的黏膜会流出黏液来牵绊我，

喷嚏、咳嗽、说话与呼吸又来驱逐我，

沿途的淋巴腺满布着白血球突来捕捉我。

> **名师批注**
>
> 感叹——细菌在进入呼吸道作乱之前，也要努力使自己生存下来！

我真是无可奈何了。所以在天气好的日子，从咽喉到肺这一条深巷是平静无事的，我就偶尔跌进里头去，也没敢多流连哪！

一旦云天变色，气候骤寒，呼吸道上忽然遇着冷风的袭击，我一得了情报，马上就在扁桃腺前，召集所有预伏的菌兵菌将，会师出发，往着肺门进攻。

在那时，全咽喉都震撼了。

> **读书笔记**
>
> 天气寒冷时，我们可以怎样做来避免细菌的侵袭呢？

肺港之役

肺港之役是我的优胜纪录，是我生平最值得纪念的一件轰轰烈烈的大事，是我进攻呼吸道的大胜利。在这胜利的过程中，我几乎征服了全人类，全生物界都为之震惊。

虽然，在这之前，我还有许多其他伟大的战绩，但都以布置不周，我作战的秘密，一一都为科学先生所揭穿了，如14世纪横行欧洲的大鼠疫，就是我利用了家鼠与跳蚤攻人皮肤的大胜；如扫荡全世界六次的大水疫，就是我勾结苍蝇与粪水攻人肚肠的大胜。谁知道自19世纪末期以来，科学先生发明了抵抗我军的战略，从此，卫生先进的国家都很严密地防范我，我哪里再敢从这两条战线上大规模地进攻人类呢？鼠疫和水疫打得人类落花流水，也是我两番光荣的胜利呀，在以后还要详细地追述，这里不过提一提罢了。

至于肺港之役，是我出奇兵以制胜人类，使聪明的人类摸不着防御我的法门，而甘拜下风啊。

自那位胡子科学先生提出了抗菌的口号以来，他的徒弟徒子等相继而起，用着种种奸巧的计策，在各种患有传染病的病人身上，到处逮捕我。从1874年，我的一个淘气的孩子，在麻风病人的身上细嚼他的烂皮肉的时候，突然被一位科学先生捕捉了去，此后25年间，正是捕菌运动最紧张的时期，欧洲各处实验室里高燃着无情之火，我的家人朋友被囚入玻璃小塔里的真是不计其数。他们（实验室里的工作人员）用严刑来拷问我们，用种种异术来威胁我们，灌我们以药汤，浸我们以酸汁，染我们以色料，蒸我们以热气，无非要迫我现原形于显微镜之下。

更有所谓传染病的三原则，这是一位著名的德国医生提出的，他们都拿来作为判定我犯罪的标准。

读书笔记

根据下文内容总结一下：这三条原则分别是什么？

据他们实验观察的结果，假如我和某种传染病的关系都符合下面所举的三原则，就判定我的罪状，加我以某种传染病的罪名。我菌儿这一群，平时大家都在一起共同生活，有血大家喝，有肉大家吃，不分彼此，不立门户，也不必标新立异地各起名称，大家都是菌儿，都叫作菌儿罢了。这是我一贯的主张。而今不幸，多事的科学先生却偏要强将我这一群分门别类，加上许多怪名称，呼唤起来，反而使我觉着怪麻烦的。何况，像我这样多样而又善变的生活方式，若都一一追究出来，我的种类又岂止几千种。这便在命名上不免发生纠纷，成问题了。

闲话少讲。先谈谈这传染病的三原则吧。

我常听到科学先生说，每一种特殊的传染病，一定都有一种特殊的病菌在作祟，所以他们要认清病菌，寻出正凶，而后才可以下手防御，发出总攻击令，不然打倒的若不是凶手，凶手却仍在放毒杀人，病仍是不会好的。他们似乎又在讲正义了，并不盲目地加害于我的全体。

那么，传染病的凶手是怎样判定的呢？这要看他们如何检查我那个特殊的淘气孩子的行动了。

他们的第一条原则：要在每一个得了这特殊的传染病的病者身上，捉到我这行凶的孩子，而且它被捕的地点也应该就是行凶的地点。这就是说，若在其他不相干的地方抓到它，而真正的伤口上反而不能寻获它，那证据就有些靠不住了。我这一群来来往往在人身上做"过客"的有很多很多，自然不可以随意指出一个说它是凶手。在出事的地点常常发现的才是嫌疑犯。

第二个原则：这凶手要被活生生地捉到，并且把它关在玻璃小塔里面，还要养活它，并且还会一代一代地传种传下去，别的菌种都不许混进来，以免有所假冒，鱼目混珠，要永远保持那凶手的单独性。若凶手早已死去，或因绝食而自毙，则它的犯罪情形将何从拷讯？它的真相将何以剖明？

假定凶手是被活擒到了，它也能在外界继续地生长，独囚一室，不和异种相混，然而也不能就此判定它是这病的主犯。有时也许是抓错了，也许它不过是帮凶而已，而正凶反而逃脱了。怎么办呢？那就要用第三条原则来决定了。

第三条原则就是动物实验。拿弱小的动物作为牺牲品，把那有嫌疑的菌犯注射进这些小动物的体内去，如果它们也发生同样的病状，那就是这特殊传染病的正凶之铁证，不能再狡赖了。

我在旁听了之后，不禁叹服这位科学先生的神明，他能这样精巧地定计破贼，真是科学公堂上的包拯啊！然而，这使我为着那一批专和人类作对的蛮孩子担心了。

科学先生们的狡计虽然是厉害，我攻人的计划几乎一一都为他们所破坏了，但是，强中还有强中手，我家里有三个小英雄，就不为他们的严刑所恫吓，不受这传染病的三原则所审理。肺港之役，我连战皆捷，就是这三位小英雄安排好的巧计，难倒了科学先生，他们至今还没有法子可以破除。

我的这三位小英雄，科学先生已给它们判定了传染病的罪名了。

第一名，他们说它是猩红热的正凶，叫它作"溶血性链球菌"。

第二名，他们说它是肺炎的主犯，称它作"肺炎双球菌"。

第三名，他们说它是流行性感冒的祸首，唤它作"流行性感冒杆菌"。

它们当然是根据传染病的三原则而被判定的。然而，我的这三个孩子的行动并不是这么单纯。它们犯案累累，性质又未必皆相同。如第一名，不仅使人生猩红热，什么扁桃腺炎、丹毒、产褥热、蜂窝组织炎之类的疾病，也都是由它而起。我这里所谈的肺港事件，就与它有密切的关系。

总之，这三位小英雄在侵入人体时，都是随机应变的，并且它们的生活是多方面的。可见这些科学的命名也免不了有些牵强附会了。我们切不可认真，认真了就有以名害实的危险哪。在我的自传里，提起孩子的名称这还是第一遭，所以特地声明一下。

我这三位小英雄，都是最爱吃血的微生物。为了吃血，它们奋不顾身地往肺港里冲。它们又恐怕遭敌人的暗算，所以常是前呼后拥地结成联合阵线，胜则同进，败则同退，不但白血球应接不暇，就是科学先生前来缉凶的时候也迷惑了，弄不清楚哪一个是真正的凶手哇。

当我在扁桃腺前会师出发，往着肺门进攻的时候，一路上遇到不少的挫折，我的其他孩子们都在半途战死，独有这三位小英雄，在这肺港里横冲直撞，所向无敌。

肺港是一个曲折的深渊，前半段，从咽喉的门户到肺叶的边界，是呼吸道的里湾，肺叶以内分为无数肺泡，这些肺泡便是呼吸道的终点。

名师批注
描写——将细菌的"机智"的一面展现了出来。

读书笔记
请查阅资料，说一说：为什么只有这三种细菌能够所向无敌？

我进了肺港之后，若不遇到阻挡，就一直往下滚，滚，滚过了支气管，然后是小支气管，再后是最小支气管。它们像树枝一般渐渐地小下去，渐渐地展开，我也顺着那树枝的形状快快地蔓延起来。

一进了肺叶，那管口愈分愈细了。穿过了一段甬道似的肺泡小管，便是空气洞，再进则为空气房，空气洞与空气房组合起来便是一个肺泡。

新旧空气就在这儿交换。所以我在途中前后都有大风，冷风推我前进，热风迫我后退。

在肺泡的壁上，满布着血川的支流。心房如大海，血管似江河，血川就算是微血管的化名了。在这儿，我看见污血和新血的交流，我看见血球（血细胞的旧称）在跳跃，血水在汹涌澎湃，我细胞的饿火燃烧起来了。

全肺所有肺泡胀得满满的时候，其表面积约有90平方米，这比全身皮肤的面积还大了100倍。因此在这儿，血川的流域甚广甚长，况且肺泡的墙壁又是那么薄弱，那壁上细胞的纤毛在这儿又都已不见了。到了这里，血川是极容易攻陷的，我吃血就是便当的事了。

为了吃血便当，我这三个爱吃血的孩子就常常深入肺泡，强占肺房，放毒纵兵，轰炸细胞，冲破血管，与白血球恶战，与抗毒体肉搏，闹得人肺发硬生病流血出脓，而演成人身的三大病变——伤风、流行性感冒、支气管肺炎——一次比一次紧张，一回较一回危急。伤风是我的小胜，流行性感冒是我的大胜，支气管肺炎是我的全胜。

在人生的旅途中，谁没得过几次或轻或重的伤风呢？在流行性感冒大流行的时期，三人行必有一人被传染，尤其是在 1918 至 1919 年那一次，全世界都产生了对流行性感冒的恐慌，我的声势之大真是亘古未有，几个月之间，人类之被害者，比欧战（第一次世界大战）4 年死亡的总数还要多。至于支气管肺炎，那更是人人所难逃免的病劫。人到临终时，他的肺部异常虚弱，我的菌众竟来争食，因而他的最后一次呼吸，往往是被支气管肺炎所割断的。可见我在肺港之役的胜利，是一个伟大而普遍的胜利。人类是无可奈何的。

伤风是人类司空见惯的病了，多不以为意。流行性感冒，中国人有时叫它作"重伤风"。那支气管肺炎也就可以说是伤风达到最严重的阶段了。他们都只怪风爷的不好、空气的腐败，却哪里知道有我，有我这三个在肺港里称霸的孩子在侵害。

我这三个孩子当中，尤以那被称为流行性感冒杆菌的最为英勇。它在肺港之役中是我的开路先锋。它先冲进肺泡里，到血川之旁去散毒。它并不直接杀人，也不到血液里去游泳，而它的毒素不尽地流到血液里，会使人身的抵抗力减弱。它却留着刽子手的勾当，给我那后来的两个孩子做。

于是，在伤风病人的鼻咽里，科学先生最常发现它；在流行性感冒病人的痰里，仍常寻得见它；在支气管肺炎病人的血脓里，则寻见的不是它，只剩下我那两个孩子——肺炎双球菌和溶血性链球菌了。

所以，伤风不会杀人，流行性感冒也不会杀人，然而它们却往往造成了杀人的局势，把死刑的执行交给支气管肺炎了。

科学先生当初以为我那孩子是流行性感冒唯一的凶手，因此加它以这样一个沉重的罪名。后来因为它的罪证并不完全，在传染病的三原则上很难通过，就减轻了它的罪，判它为流行性感冒的第二凶手，而把第一凶手的嫌疑，转移到比我还要小千百倍的微生物，即所谓"超显微镜的生物"之类的身上了。

科学先生感到这肺港里的三大病变的复杂性了。这使他们的疫苗的防御不中用，血清的抵抗不见效，预防乏术，治疗亦无法。科学先生也无可奈何了。

自从科学之军崛起，我在其他方面进攻人类都节节败退，独有肺港之役，我获得了最大的胜利。这是我那三个小英雄之功。

将来的发展如何，我不知道，但因为我在人身上有极重大的经济利益，我始终要求人类承认我在肺港的特殊地位，承认我的侵略权。

肺港里还有其他的纠纷事件，如肺痨、百日咳、大叶肺炎、肺鼠疫，如此之类，以及要封锁港口的白喉，那都因为性质不大相同，就不及在此备载了。

吃血的经验

从血川到血河，一路上冲锋陷阵，小细胞和大细胞肉搏，鞭毛和伪足交战，经过无数次的恶斗，终于是我得胜了，占领了血河，而人得败血症的病死了。

于是科学先生就板起面孔来，在实验室里，大骂我是穷凶极恶的暗杀党，谋害了宝贵的人命，他们一定要替人类复仇，发明新武器来歼灭我。这不但于我

叙述——细菌在血管中一路过关斩将，最终战胜了人类。对人类来说，这却是十分可恶的。

的名声有损，而且连我在生物界的地位都动摇了。我在这一章里是要述明我的立场的。

中国的古人不是说过"民以食为天"吗？我是生物界的公民之一，当然也以食为天，不能例外。我的生活从来都是很艰苦的。我曾在空中流浪过，水中浮沉过，曾冲过了崎岖不平的土壤，穿过了曲折蜿蜒的肚肠，也曾饿在沙漠上，也曾冻在冰雪上，也曾被无情之火烧，也曾被强烈之酸浸，在无数动植物身上借宿求食过，到了极度恐慌的时候，连铁、硫和碳之类的矿盐，也胡乱拿来充饥。我虽屡受挫折，屡经忧患，仍是不断努力地求生，努力维护我种我族的生存，不屈服，不逗留，勇往直前。我无时无刻不在艰苦生活之中挣扎着。我的生活经验，可以算是比一般生物都丰富得多了。我这样四方奔走，上下飘舞，都是为着吃的问题没有解决呀！

我想，生物的吃，除了一般植物所吃是淡而无味的无机盐之外，其他的如动物界中的各分子及植物界中有特别嗜好者，它们所吃，就尽是别的生物的细胞。它们不但要吃死去的细胞，还要吃活着的细胞。吃人家的细胞以养活自己的细胞，这可以说是生物界中的一种惯例吧。于是各生物间攘争掠夺互相残杀的事件，层出不穷了。

我菌儿虽是最弱最小的生物，在生物界中似乎是居最末位的，但我对于吃的问题也不能放松！

我几乎是什么都吃的生物，最低贱的如阿米巴的胞浆，最高贵的如人类的血液，我都曾吃过。我所吃，所爱吃的，绝不像植物所吃的那样淡而没有内

名师批注

排比——在自然界中，细菌也是为了自己的食物而奔忙，从这个方面来说，它似乎是没有什么错误的。

读书笔记
你平时爱吃什么？里面有哪些细胞？

容。我吃的是复杂而兼普遍的，我是最能适应环境的生物。

但是，我因感着外界的空虚、寂寞而荒凉，我的细胞时有焦干冻饿的恐慌，所以特别爱好在动物身上盘桓，尤其是哺乳类的动物，人和兽之群。他们的身体是那么暖和，他们又能供给我以现成的食料。我在他们的身上，过惯了比较舒适的生活，就不想离开他们的圈子了。于是我的大部分菌众就在这圈子之内无限制地生长繁殖起来了。

人和兽之群，在我看去真是一座一座活动的肉山哪！

我初到人、兽身上的时候，看见那肉山上森严地立着疏疏密密的森林似的毛发须眉，又看见散乱地堆着重重叠叠的乱石似的皮屑。我就随便吃了这些皮屑过活，那时我的生活仍然是很清苦的。

后来我又发现肉山上有一个暗红的山洞，从那山洞进去，便是一个弯弯曲曲无底的深渊，那就是人、兽的肚肠。肚肠是我的天堂，那儿有来来往往的食货。我就常常混在里面大吃特吃。但不幸的是，我在洞里又遇到了一种又酸又辣的液汁，我受不住它的浸洗。所以除了我那些走熟这一条路的孩子以外，我的大部分的菌众都不能冲过去。这天堂仍是一个特殊阶级的天堂啊！

有一回，人的皮肤忽像火山一般地爆裂了，流出热腾腾红殷殷的浓液。当时我很惊异，这东西是从哪里来的呢？后来我在肺港里见惯了它，它激起了我的食欲和好奇心。我的细胞情不自禁地跳进它的狂流之中去。我尝到了它的美味，从此我对于人、兽的身体就抱着很大的野心了。

我虽有吃活人、活兽之血的野心，然而这并不是轻而易举的事，这也并不是我菌众全体的欲望。这种侵略人、兽的大举有些像帝国主义者的行为，虽然那不过是我族中少数有势有力的少壮细胞所干的事，帝国主义者侵略弱小民族也并不是他们国内全体人民的意愿哪。所以你们不要因为我少数的"菌阀"的蛮干，使人类不安，而加罪于我的全体"菌民"，连我一切有功的事业也都抹杀了。

人类本来都茫然不知我在暗中的活动，我的黑幕都是给多疑的科学先生所揭穿的。他们老早就怀疑到我和人、兽之血的不良关系了。于是他们就时常在人血、兽血中寻找我的踪迹。因为初生的婴孩，他的肠壁的黏膜，还不十分完整与坚实，他们想我到了那里，一定是很容易通行的。又因为在猪牛之类的肌肉和组织里，他们时常发现我，因此他们对我是更加疑忌了。在健康之人的血液里，他们老寻不着我，罪证既不完全，他们就不能确定我会在活血里行凶。这是因为在平时，血液的防卫很严密，我很不易攻入。我就是偶尔到了活血里面，不久也会被血液里的守军杀退。

血液是那样密密地被包在血管里，围在皮肤和黏膜之内，我要侵入血流中，必先攻陷皮肤和黏膜。所以在平时皮肤的每一个角落，黏膜的每一处空隙，都满布着我的伏兵，我在那里静候着乘机起事哩。

皮肤和黏膜的面积虽甚广大，却处处都有重兵把守。皮肤是那样坚韧而油滑，没有伤口即不能随便

读书笔记 •··············
细菌为人类做出过哪些有功的事业呢？

名师批注

列数字——细菌能够入侵人体，但是人体对细菌的反击也是十分强大的，细菌也招架不住。

穿过。眼睛的黏膜有眼泪时常在冲洗，眼泪有极强大的杀菌力量，就是把它稀释到四万分之一，我还是不敢在那里停留。不这样，你们的眼睛将要天天发红起肿了。呼吸道的黏膜又有纤毛，会扫荡我出来。胃的黏膜，会流出那酸溜溜的胃汁，来溶化我。尿道和阴户的黏膜也有水流在冲洗，我也不能长久驻足。此外鼻涕、痰和口津之类也都会杀害我。真是除了汗、尿和人们不大看见的脑脊髓液之外，人和兽之群乃至于一切动物，及有些植物，他们的体内，哪一种流液，哪一种组织，不在严防我的侵略，使我没有抵抗的力量啊？

名师批注

反问——每一种植物、动物都在做着充足的准备，应对细菌的入侵。

至于血，当然了，那是高等动物所共有的最丰富的流体，它的自卫力量更是雄厚了。

血，据科学先生的报告，凡体重在 150 磅（1 磅=0.4536 千克）左右的人都有 7 升的血，昼夜不息，循环不已地在奔流着，在荡漾着，在汹涌澎湃着。血，是略带碱性的流体，我在血水里闻到了蛋白质、糖类和脂肪的气味；我见过了钠的盐、钙的盐的结晶体；我尝到了"内分泌"和氧的滋味。

名师批注

叙述——在人体的血液中，充满了细菌喜爱的食物，所以细菌入侵人体之后，总是喜欢跑到人的血液中作乱。

在血的狂流中，我又碰到了各式各样的血球在跳跃着，在滚来滚去地流动着。

我最常遇到的是像车轮似的血球，带点儿青黄的颜色，它的直径只有 7.5 微米，它的体积只有 2.5 立方微米，它的胞内没有核心，它像一只粮船，满载着蛋白质和脂肪，在我的身旁掠过。我看它那又肥又美的胞体，我的饿火上冲了。我曾听科学先生说过，它的胞体里还有一种特殊的色料，叫作"血色素"，那是最

名师批注

比喻——血色素虽然体积不大，但是其中含有的营养非常丰富，是细菌在血液中最爱的东西。

珍奇的一种食料。我远远地就闻见了动物的腥味，那就是从这血色素里所放出来的气味吧。我的少壮细胞爱吃人、兽之血，目的也就在它的身上吧。

但我在血的狂流中，又遇到了一群没有色素的血球，它们的胞体内却有了核心。那核心的形状又有好些种。有的核心是很大的，几乎占满了血球的全身；有的核心是肾形的；有的核心的形状是不规则的。它们这一群都是我的老对头，我在血中探险的时候，常受着它们的包围与威胁，它们会伸出伪足来抓我。

我又看到了一种卵形无色的小细胞，它有凝结血液的力量，我常被它绑住。有人说它是白血球的分解体，叫它作"血小板"。

还有一种一半是蛋白质，一半是脂肪的有色的细粒，科学先生叫它作"血沉"，大约它们就是死去的红血球（红细胞的旧称）的后身吧。

此外，更奇怪的就是，我在血流中奔波的时候，我的细胞常中途而死，不知是中了谁的暗算，我在后来才知道是所谓"抗体"之类无形的东西在和我作对呀。

血液是我所爱吃的，而血管的防卫是那么严密；红血球是我所爱吃的，而白血球的武力是那么可怕，每600粒红血球就有1粒白血球在巡逻着，保卫着它们！在这种情势之下，我有什么法子去抢它们来吃呢？我的经验指示我了：

第一要看天时。在天气转变的时候，人、兽的身体骤然遇冷，他们皮肤和呼吸道的黏膜都瑟瑟缩缩地发抖起来，微血管里的血液突然退却，在这时候我的

名师批注

排比——在血液中，除了血色素，还有其他一些成分，它们的核心形状不一。

读书笔记

你有没有观察过自己受伤之后，血液凝结的过程呢？

名师批注

感叹——面对血管的防卫，细菌内心也是充满恐惧的，不会轻易就侵犯。

读书笔记 •·············
结合文章内容，说一说疗疮疖子的由来。

行军是较顺利的。或是外界的空气很潮湿，很温暖，我虽未攻入人体的内部，也能到处繁殖，所以在热带的区域，在人、兽的皮肤上，常有疗疮疖子之类的东西出现，那都是我驻兵的营地呀。

第二要看地利。皮肤一旦受了刀伤枪伤而破裂，我就从这伤口冲入。有时人的皮肤为小小的针尖所刺，不知不觉地过了数小时之后，忽然作痛起来，一条红线沿着那作痛的地方上升，接着全身就发烧了，这就是我的先锋队已从这刺破的小孔进攻，而节节得胜了呀。

然而在抵抗力强盛的身体上，这是不常有的事。在平时我一冲进皮肤或黏膜以内，血液就如风起潮涌一般狂奔而来，涌来了无数的白血球，把我围剿了。这就是动物身体发炎的现象，发炎是它们的一种伟大的抵抗力量啊！

名师批注
夸张——人体对于细菌的入侵非常敏感，一旦发现细菌，便会试图把细菌杀死。

读书笔记 •·············
我们可以做些什么来增强人体的抵抗力呢？

但是身体虚弱的人，他们的抵抗力是很薄弱的，发炎的力量不足以应付危机。于是我就迅速地在人体的组织里繁殖起来了，更利用了血管的交通，顺着血水的奔流，冲到人身别的部分去了。有时千回百转的小肠大肠，会因食物的阻塞，外力的压迫而突然破裂，那时伏在肠腔里的我就趁势冲进腹膜里去，又由淋巴腺、淋巴管而辗转流到血的狂流中去。这是我由肠壁的黏膜而入于血的捷径。

我又有时在外物与腐体的掩护之下，攻入血中。我伏在外物或腐体里，白血球和其他的抗菌分子就不能直接和我作战了。例如在人类不知消毒的时代，产妇的死亡率很高，那就是我伏在产妇身上横行无忌的缘故。

第三要看我的群力。我进攻人身的内部，必须利用菌众的力量。单靠着一粒一粒孤军无援的细胞作战，是不济事的。我必须用大队的兵马来进攻。例如人得伤寒之病，是因为他所吃的食物里，早就有我的菌众伏在那里繁殖了。

第四要看我的战术。我要攻入血管，有时需勾结蚊子、臭虫和虱子之类的吮血虫做我的先驱，做我的桥梁。

第五要看我的武器。我有时又使用毒素之类凶险的武器。那毒素是屠杀动物细胞最厉害的利器。我常伏在人、兽之身的一个小角落里施放这毒素。

总之，不论用什么法子，从哪一个门户进攻，我的大队兵马一旦冲进了血管里面，占领了血河，在血的狂流中横冲直撞，战胜了白血球，压倒了抗体，解除了血液的武装，把一个个红血球里的血色素尽量吃光，这个人的生命就不保了。

名师批注
描写——细菌进入人体之后，过五关斩六将，一路无往不利，人体的生命力就在这样的过程中逐渐衰竭。

人死后，埋了拉倒，我可在那尸体里大餐大宴，那就是我的菌众庆功论赏的时候了。

不幸，近来殡仪馆的人，得到了消毒的秘诀，常把尸身浸在杀菌的药水里。又不幸，有些地方的民俗常用火葬，把尸体全烧成灰，那真是我的晦气。我不料在完全侵占了人身之后，竟一同趋于灭亡，全军覆没了。这也许是人类的焦土政策吧！

名师批注
类比——细菌战胜人体之后，却没想到会是全军覆没的结局。

乳峰的回顾

红润而滑腻的肠壁，充满了血腥和乳臭的气味，壁上的黏膜还不十分完整，黏膜里一排一排的上皮细胞还不十分紧连密接，从胃的下口不时流进一滴滴雪白的乳汁。

这是一个新生婴儿的肠腔。在这样的一个新肠腔里，我是第一个小旅客。我就是伏在那些乳汁里面混进来的呀。

这时候，肠腔里的情形很荒凉，寂寞的空气笼罩着我的四周，一点儿杂色的货物也没有，就是流进来的乳汁，一忽儿也都自干了，剩下我，孤单地在肠道彷徨着。

虽然我知道不久就会热闹起来，很快就将有更多的乳汁流进，含有各种不同性质的食物也会源源而来，那时我的远近亲友，微生物界形形色色的分子，都会争先恐后地齐来垦殖这新开拓的土地。

然而，目前这婴儿肠腔里的环境，是那么冷落空虚，孤独的心情压迫着我，使我再也不能忍受下去了。曲折蜿蜒的肠子，又不停地在蠕动着，震荡得我几乎要晕倒在它的黏液中了。

在黏液中，我似梦非梦地在独自思念着，想起了无限缠绵悱恻的往事。

我想起了占领"人山"的经过。自从我那回攻入她的血管以后，我的生活就非常紧张，没有一刻不在战斗中度过，而且还有与人同归于尽的危险。于是我不得不去另觅出路了。

我在"人山"上爬行，常望见她的胸前有两座圆而高耸的乳峰，遥遥相对着。我初以为它们是和熄灭了的火山一样，极其平静无事的。我抱着好奇的心理

名师批注

心理描写——刚出生的小宝宝体内基本没有细菌，但是不一会儿就被细菌所占领了。

名师批注

描写——细菌随着人体的变化，一直在人体中旅行，伺机而动。

读书笔记 ·

你还记得细菌进入血管之后会经历哪些危险吗？

到那峰口去探望。

我就从这峰口进去，一进去便是一个萎缩了的空囊，曾贮藏过什么东西似的。再进就是自来水管似的圆洞，一共有 15 洞至 20 洞之多。愈入愈深，那圆洞也愈分愈细，最后到了一间最小的空房，便碰了壁，不能再前进了。

我沿途都望见有厚厚薄薄的结缔组织，包围着乳洞乳房的墙壁。在那壁上，我又看见有不少的脂肪在填积着。我想，那乳峰之所以会那样肿胖而隆起，大约就是这些结缔组织和脂肪在撑持着吧。可是，有的"人山"上的乳峰并不怎么高，有时竟萎缩到像平地上的一个小阜而已，那就是因为脂肪太缺少，结缔组织又都已退化了吧。

我陡然地，又在那些结缔组织里面，发现了神经的支末，发现了动脉和静脉的血管、微血管，以及淋巴管之类的东西在跳动着。我想，神经和血管都派有代表在这儿驻扎，那不久一定就会发生大变动啊。于是我就静伏在乳峰的四周，不时又爬到那峰口去窥探，打听有什么消息。

许久，许久，一点儿动静也没有。那"人山"却一天比一天大起来了，山地上涌出的油和汗也加多了，那两座乳峰总是那么沉寂。我失望了。我就离开了这"人山"，又飘到了别的"人山"上去视察了。

我这样地辗转流徙，到过不少的"人山"，登上了不少的乳峰，最后我来到了一座丰满而肥大的"人山"，那山上的乳峰也格外高耸而膨胀，我觉着有些异样，忽然如地震一般，那"人山"动荡得非常厉害，又如雷响一般，"哇"的一声，什么东西坠地了。

我惊慌了，我疲乏了，我昏然地跌倒在那散满了油汗的山地上。过了几个小时，我正懒洋洋地躺在那儿休息，忽然一盆温水似的液体，从上头浇下来，我的细胞浑身都透湿了。我往周围一看，望见像山巅积雪融化了似的，白茫茫的乳汁，从那峰口涌出，滚滚而下。

比喻——将乳汁比作山巅融化的积雪，说明人类的乳汁是非常丰富的。

在那白茫茫的乳汁里，我遇见了不少的小乳球，不少的珍物奇货，都是脂肪、糖、蛋白质之类的好东西，都是我顶上等的食物，我真喜出望外了。

脂肪之类，有"液脂""软脂""磷脂"等，都非常可口。

说明——人类的乳汁营养丰富，不仅仅婴儿喜欢，也是细菌的最爱。

糖之类，就有那著名的乳糖，是我所爱吃的。

蛋白质之类，有干酪素、乳球蛋白、胆脂素、尿素、肌肉素等，都是不可多得的。

此外，还有酵素，还有无机盐，还有其他零星的小东西，如药料、香料等，数也数不清了。

有这样多、这样美的食物，装在一颗一颗的小乳球里，在白茫茫的乳汁中荡漾着，我可以大吃特吃了。

人类的乳汁如此暴露在细菌眼下，我们可以用什么方法来消灭这些细菌呢？

我吃过了乳球，觉得它比血球更好吃，而且乳汁里没有白血球在巡逻着，没有抗体在守卫着，虽也有一点儿杀菌的力量，可是薄弱得很，那我是不必怕的。况且乳汁又不像血液那样密密地包封在血管里面，它终于是要公开地流露在外界的。好了，那我要吃乳球是便当的事了。

疑问——人类乳汁中的营养究竟从何而来？通过问题，引发思考，并且吸引读者。

然而，真奇怪，这么多的乳球和乳汁是从哪里跑出来的呢？好奇的心理又引我重新爬进那峰口里去探视。

这时候，萎缩的孔囊已经高涨起来了。乳洞乳房里，都涨满了乳汁。结缔组织已经大大地减少了。乳房壁上的细胞，一个个都异常地活跃。我看见有几粒立方形的细胞，正在渐渐地拉长，变成圆柱形了，在它的一头，一点一点的油点，不停地涌出。这些油点，积少成多，不久就结成了一颗大得可观的乳球，比我的身子要大了好几倍。这些乳球，又愈聚愈广，出了乳峰之口，如喷水池喷水一般倾泻而下了。

记得，当我在血河里抢吃红血球的时候，似乎并未遇见过干酪素和乳糖之类的东西。显然地，这些罕见的东西，是乳球所特有的，是乳房壁上的细胞自己制造出来的。不但如此，就是乳汁里的脂肪，它的内容，也和血液里的脂肪有些不一样。就是乳汁里所含的各种无机盐的成分，和血液里所含的无机盐的成分也不一样。这样看来，在内容上，乳汁比血液是更复杂丰富而精美的了。

读书笔记 ·················
乳汁和血液有哪些区别？

然而乳汁在原料上无疑还是仰给于血液，还是红血球把它运送来的。那么，血管与乳房之间是有路可通的了。

我在血河里，正苦没有正当的出路，到了没有法子的时候，也只得随着眼泪、汗汁、尿水、鼻涕、口津、痰之类人们所厌弃的流液而出奔，不然"人山"一旦崩溃，我将随着她的尸身，又回到我的土壤故乡去了。这是我所不愿意的。

我一生最大的希望，最有野心的企图，就是征服"人山"，尤其是幼小无力的"人山"，开拓我的新殖

名师批注

叙述——在人类体内的细菌也会随着血管进入到乳汁中，可能危害婴儿的身体。

民地，使我族可以无限制地繁殖下去。现在我既发现了这乳峰里的秘密，就可以布置新的交通网了。

我可以从血管里冲进乳房，和我的菌众在乳囊里集中，在乳峰口会合出发，一喷就喷到婴儿口里去了。我知道乳汁的环境是非常温暖而舒适的，在它的浸润中，我绝不至于冻饿，一到了婴儿的肚肠里，我更是饱暖无忧了。

然而，人到底是爱干净的动物，现代人的母亲更加讲究了。在哺乳之前，必有一番清洁的准备，用硼酸水或用酒精来洗刷她的乳峰，在这种消毒力量威胁之下，伏在乳峰四沿的我早已四散逃避了。

名师批注

心理描写——婴儿十分弱小，为了保证他们不被细菌侵害，人类也有非常充足的准备，这让细菌内心非常愤恨呀！

然而，我有一群淘气的孩子会从血管里冲过来，预先和乳汁混在一起，有荚膜的鼓起它们的荚膜，有鞭毛的舞着它们的鞭毛，怒气冲冲地，预备一出去，一踏上婴儿的食道，就大显身手。不幸，这消息已被科学先生侦察到了。讨厌的科学先生就大肆提倡什么验血验乳的勾当。什么"梅毒反应"，什么"结核菌素反应"之类，都是故意与我为难，禁止我再入婴儿的口，绝我求生之路，我真愤恨极了。

"人山"上的戒备既是这样严密，我的这一个侵略婴儿的计划算是失败了，于是我又有占领"牛山""羊山"上的乳峰作为攻人的根据地的企图。

名师批注

反问——不仅仅是人类，自然界的哺乳类动物的乳峰上都有细菌的分布，细菌无处不在。

其实，大如老虎狮子，小如兔儿鼠子，哪一个哺乳类动物的乳峰上没有我的踪迹？正因为牛和羊的乳汁，是被人类夺去了作为日常的饮料，这些乳汁到人口之前，不知要经过多少曲折、多少跋涉，这之间，我就有机可乘，所以我特别爱好在它们的乳峰上盘桓，等候着机会的来临，等候着乳峰的开放。

在"牛山"上的乳峰开放了以后，我的菌众就纷纷地争来求食了。

有的从牛粪里飞上了"牛山"，又由"牛山"辗转而来到了乳峰之下，有的从牧场上的灰尘泥土奔来，有的从摄乳的人的手指上、喉咙里、衣服上送来，又有的就预先伏在乳桶、乳锅、乳瓶、乳杯里等候了。从乳峰到人口，凡是乳汁游行所必经之路，一站一站无不有我的兵队，在黑暗里埋伏着。

乳汁来了，它把乳峰内外四旁的菌众，都冲到乳桶里去了。乳汁是最适合我胃口的滋补品，于是我的菌众在那儿迅速地繁殖起来了。

所有普通的没有消毒过的牛乳，一到了人口，已满载着我的菌众。我的菌众之多，实足以惊人，为卫生家所嫉视，科学先生为了这问题，更担心了。他们曾费了一番苦心来研究。据他们的报告，在一切饮用的流液之中，我的数目，当以牛乳里所含为最多。于是他们就定下了一种检查牛乳的法规，要加我以限制。我吃牛奶而已，与他们有什么相干？难道人可夺母牛之乳而饮，就不许我在奶汁里沾一点儿光吗？

我到了乳汁里之后，就择所好而吃，牛乳的内容本来也和人乳一样丰富，不过它的干酪素较多，它的乳糖、它的脂肪则较少罢了。

我吃了乳糖，把它化成乳酸，这样含有乳酸气味的酸牛奶，常为欧美人士所喜欢，说是有助于消化，可以治胃肠的病，可见我的生活过程，对于人类，不全是有害的，有时还有很大的好处，这酸牛奶的功用

名师批注

描写——乳汁是细菌非常喜爱的食物，细菌随时准备着跟随乳汁进入人体，所以人类要当心哪！

名师批注

心理描写——从细菌的角度来说，它与人类做的事其实没什么区别，所以对于人类赶尽杀绝的行为十分气愤！

名师批注

举例子——细菌对人体不是只有危害，如果利用得当，也是可以对人体有益的。

便是一个好例子。以后我还要举出许多别的例子来，这里不再唠叨了。

有时我吃了乳糖，不但产酸，而且产气，所产的酸，又不是乳酸，而是带点儿苦味的醋酸，那牛乳人就不肯吃了。

我在乳汁中，又会放出两种酵素：一种有分解干酪素的力量，一种会破散其他的蛋白质。那乳汁先凝结成乳块，再化成清清的乳水。

至于乳汁里的脂肪，我也常吃，吃了就把那脂肪"碱化"了，使那乳汁又变成黄黄的透明之水了。

在上述这些情形之中，在我大吃特吃之后，乳汁都发生了重大而显著的变化，人眼可望而见，人鼻可嗅而知，人口可拒之而不饮，就不至于发生什么变故了。

然而有时"牛山"上的情形很恶劣，山谷里尽是乌烟瘴气，我的一群淘气的孩子已在山里东冲西突，乱抢乱劫，它们一得到乳峰开放的消息，一定会狂奔而来，混在乳汁里捣乱哪！

在我的菌众中，它们是最刁滑无比的一群，它们可以不动声色地偷偷地在那里吃乳。它们吃过了之后，那乳汁也不会发生任何变化，人若不知不觉地吃了这样的乳汁，那才危险哩。

就这样，我的这一群野孩子就随着乳汁深入人身的内部去了。它们行凶造成不幸的事件就有结核、伤寒、副伤寒、痢疾、白喉、猩红热、脓毒性的喉痛，乃至于"布鲁氏菌病"之类的疫病。不知什么时候这消息又被科学先生的情报处所侦知了。于是在"人山"的食洞里，在乳汁所走过的路途上，在"牛山"的乳峰里，他们就大肆搜捕我的菌众，我的儿孙们无辜而被牵连入狱者不计其数。

最后，科学先生得到了完全的罪证，他们才知道，这些从乳汁所传染来的疫病，都是我那一群淘气的孩子所干的事，和我普通的菌众无干。

他们又发现了我的孩子们的弱点。我那些淘气的孩子，都是顶怕热的微生物，温度一过了60℃，经过20分钟之久，它们就要死尽了，而其他于人无害的菌众，则仍可以在这热度中偷生。

所以在今日，牛奶的消毒，都是根据了这个原理。这似乎是他们顾全了我全体菌众的生命，不用蒸煎的法子来歼灭我的全部，而其实是他们为着自己的利益，因为牛奶一经煮开，它滋养的内容就会损坏不少哇。

我听说，这种消毒法，又是那位胡子科学先生所想出来的，他真是处处和我为难。哎呀，那胡子，他真是我的老对头！

> **名师批注**
>
> 列数字——对于这群淘气的细菌，处置的办法也很明确，在特定的温度下达到一定的时长，就可以将它们杀死，牛奶也就可以放心饮用啦！

> **名师批注**
>
> 心理描写——面对科学家们的穷追猛打，细菌们真是有苦说不出呀！

食道的占领

谋食的问题真够复杂而矛盾的。

除了无情的水、无情的空气、无情的矿盐之外，一切生命的原料，都是有情的东西，都是有机体，都是各种生物的肉身。

地球上各种生物，都有吃东西的资格，也都有被吃的危险。不但大的要吃小的，小的也要吃大的。不但人类要宰鸡杀羊，寄生虫也要拿人血人肉来充饥。

这不是复仇，不是报应，这是生物界的一贯规律：生存竞争。

在生物界中，我是顶小顶小的生物，我要吃顶大顶大的东西。不，我什么东西都要吃，只要它不毒死我。一切大大小小的生物，都是我吃的对象。因此，我认为我谋食最便当的途径，就是到动物的食道上去追寻。我渺小的身体，哪一种动物的食道去不得？

为了追求食料，我曾走遍天下大小动物的食道。在平时，我和食道的老板，都能相安无事。我吃我的，它消化它的。有时，我的吃，还能帮助它的消化呢。牛羊之类吃草的动物，它们的肚肠里若没有我在帮助它们吃，那些生硬的草的生硬的纤维素，就不易消化呀。

虽然如此，有些动物的食道，我是不大愿意去走的。蝎儿的肠腔我怕它太阴毒，某种蠕虫的肚子我嫌它太狭窄。北极的白熊，印度的蝙蝠，它们的食道，我也很少去光顾，我受不了不良环境与气候的威胁呀！

我到处奔走求食，我在食道上有深久的阅历，我以为环境最优良、最丰腴的食道，要推举人类的肚肠了。这在前面我已宣扬过了：

> 人类的肚肠，是我的天堂，
> 那儿没有干焦冻饿的恐慌，
> 那儿有吃不尽的食粮。

人类这东西，也是最贪吃的生物，他的肚子，就是弱小动植物的坟墓，生物到了他的口里，早已一命呜呼了。独有我菌儿这一群，能偷偷地渡过他的胃汁，于是他肠子里的积蓄，就变成我的粮仓食库了。在消化过程中的菜饭鱼肉，就变成我的沿途食摊了。在这条大道上，我一路吃，一路走，冲过了一关又一关，途中风光景物，真是美不胜收，几乎到处都拥挤不堪，我真可谓饱尝人中的滋味了。虽然如此，我有时也曾厌倦了这种贵族式的油腻的生活，真巴不得早点儿溜到肛门之外呀。

读书笔记 •••••••••

细菌通过食道进入人体之后，要经历哪些关卡？

然而，在平时，我的大部分菌众，始终都认为人类的肚肠是我最美满的乐土，尤其是在这人类称霸的时代，地球上的食粮尽归他所统治，他的食道，实在是食物的大市场、食物的王国呀。我若离开他的身体再到别的地方去谋生，那最终是要使我失望的呀。

这种道理，我的菌众似乎都很明白，因此，不论远近，只要有机可乘，我就一跃而入人类的大口。这是占领食道的先声。

名师批注

对比——人体食道中的食物非常丰富，细菌来到这里之后就不想走了，其他地方都没有这里惬意呢！

在他的大口里，就有不少的食物的渣滓及皮屑，都是已死去的动植物的细胞和细胞的附属品，在齿缝舌底之间填积着，可供我浅斟慢酌，我也可以兴旺一时了。然而，我在大口里，老是站不住脚。口津如温泉一般滚流不息，强盛的血液又使我战栗，吞食的动作又把我卷入食管里面去了。不然的话，我一旦得势，攻陷了黏膜，那张堂皇的大口，就要臭烂出脓了。

名师批注

叙述——人类的口腔中，也有一些措施专门应对细菌的入侵，让它们无法在这里久留。

到了食管，我顺着食管动荡的力量，长驱直入，我的先头部队，早已进抵胃的边岸了。"扑通"一声，我堕入黑洞洞、热滚滚、酸溜溜、毒辣辣的胃汁的深渊里去了。不幸我的大部分菌众都白白地浸死了。剩下了少数顽强的分子，它们有油滑的荚膜披体，有

名师批注

叠词——对于细菌而言，胃汁并不是好东西，会对它造成伤害。

读书笔记 •··················

请查阅资料，说一说让人闻风丧胆的癌，为什么细菌称之为不中用的细胞的大结合？

读书笔记 •··················

请说一说十二指肠名字的由来。

坚实的芽孢护身，一冲就冲过了这食道上最险恶的难关，安然到达胃的彼岸了。

有的人，胃的内部受了压迫，酿成了胃细胞怠工的风潮，胃汁产量不足，酸度太足，消化力不够强，我就不怕他了，就是从来渡不过胃河的菌众，现在也都踉踉跄跄地过去了。

有的时候，胃壁上陆地长出一团怪东西，是一种畸形的、多余的发育物，科学先生给它一个特殊的名称叫作"癌"。癌，这不中用的细胞的大结合，被我毫不客气地占领了，作为我攻人的特务机关了。

一越过了有皱纹的胃的幽门，食道上的景色就要一变，变成了重重叠叠的、有"绒毛"的小肠的景色了。酸酸的胃汁流到了这里，就渐渐地减弱了它的酸性。同时，黄黄的胆汁自肝来，清清的胰汁自胰腺来，黏黏的肠汁自肠腺里涌出，这些人体里的液汁，都有调剂酸性的本能。经过了胃的一番消化作用的食物，一到小肠，就渐渐成为中性的食物了。中性是由酸入碱必经的一个段落。在这个段落里，我就敢开始我吃的劳作了。

不过，我还有所顾忌，就是那些食物身上还蕴蓄着不少"缓冲的酸性"，随时都会发生动摇，而大好的小肠，又有了变成酸溜溜的可能。所以在小肠里，我的菌众仍是不肯长久居留，我仍是不大得意的呀！

蠕动的小肠，依照它在食道上的形势，和它的绒毛的式样，可分为三大段。第一段是十二指肠，全段只有十二个指头并排在一起那么长，紧接着是胃的幽门。第二段是空肠，食物运到这里，是随到随空的，不是被肠膜所吸收，就是急促地向下推移。第三段是回肠，它的蜿蜒曲折千回百转的路途，急煞了混在食物里面的我，我的行动是受了影响了，而同时食物的大部分珍美的滋养料，也就在这里，都被肠壁的细胞提走了。

　　我辛辛苦苦地在小肠的道上，一段一段地推进，一步一步我的胆子壮起来了。不料刚刚走到酸性全都消失的地方，好吃的东西，出其不意地，又都被人体的细胞抢去吃了。我深恨那肠壁四周的细胞。

　　小肠的曲折，到了盲肠的界口就终止了。盲肠是大肠的起点。在盲肠的小角落里，我发现了一条小小的死巷堂，是一条尾巴似的突出的东西，食物偶尔坠落进去，就不得出来。我也常常占领了它作为攻人的战壕，因此"人山"上就发生了盲肠炎的恐慌。

　　到了大肠了。大肠是一条没有绒毛的平坦大道，在"人山"的腹部里面绕了一个大弯。已经被小肠榨取去精华的食物，到了这里，只配叫作食渣了。这食渣的运输极其迟缓，愈积愈多，拥挤得几乎透不过气。我伏在这食渣上，顺着大肠的趋势，慢慢往上升，慢慢横着走，慢慢向下降，过了乙状结肠，到了直肠，这是食道上最后的一站，就望见肛门之口，别有一番天地了。

　　食渣一到了大肠的最后一段，一切可供为养料的东西，都已被肠膜的细胞和我的菌众洗劫一空了，所剩下的只是我无数菌众的尸身和不能消化的残余，再染上胆汁之类的彩色，简直只配叫作屎了。屎这不雅的名称，倒有一点儿写实的意思呀。

名师批注

心理描写——在与肠壁细胞的竞争中，细菌也不一定取胜，所以人类才能获取足够的营养呀！

读书笔记

请画出细菌进入大肠之后的路线图。

多事的科学先生，曾费了一番苦心去研究屎的内容，他们发现了屎的总量的1/4至1/3都是"尸"，"尸"是就我而言的。据说，我的菌群，从成人的肛门口所逃出的，每天总有8克重量，真不算少，估计起来，约有128000000000000000000之多的菌尸。128之后，又拖上了18个零，这数字是多么惊人。由此可以想见大肠里的情形是如何热闹了。

然而，在十二指肠的时候，我新从死海里逃生，我的神志，犹昏昏沉沉，我的菌数，殆寥寥无几，这些大肠里异常热闹的菌众，当然是到了大肠之后才繁殖出来的。我的先头部队，只需在每一群中，各选出几位有力的代表，做开路的先锋，以后就可以生生世世在肠腔里传子传孙了。

在我的先头部队之中，最先踏进肠口的，是我的一个最可疼的孩子。它是不怕酸的一员健将，它顶顶爱吃的东西就是乳酸。它常在乳峰里鬼混，它混在乳汁里面悄悄地冲进婴儿的食道里来了。在婴儿寂寞的肠腔里，感到孤独悲哀而呻吟的，就是它。它还有一位性情相近的兄弟，那是从牛奶房里来的，也老早就到"人山"的食道上了。

在婴儿断乳以前的肠腔，这两弟兄是出了十足的风头，红极一时的。婴儿一断了乳，四方的菌众都纷纷而至，要求它俩让出地盘。它们一失了势，从此就沉默下去了。

这些后来的菌众之中，最值得注意的，是我的两个最出色的孩子，这两个都是爱吃糖的孩子。它们吃过了糖之后，就会使那糖发酵。发酵是我菌儿特有的技能。为了发酵，不知惹出了多少闲气来，这是后话不提。

这两个孩子，一个就是鼎鼎大名的"大肠杆菌"，看它的名字，就知道它的来历。它的足迹遍布天下动物的肚肠，只有鱼蛤之类冷血动物的肠腔，它似乎住不惯。科学先生曾举它做粪的代表，它在哪儿，哪儿便有沾粪的嫌疑了。

那另一个，也有游历全世界肚肠的经验。它身上是有芽孢的，它的行旅是更顺利了。不过，它有一种怪脾气，好在黑暗没有空气的角落里过日子，在有新鲜空气的地方，反而不能生存下去。这是"厌气菌"的特色。肚肠里的环境，恰恰适合了它这种奇怪的生活条件。

我的孩子们有这种怪脾气的很多，还有一个，也在肚肠里谋生。它很淘气，常害人得破伤风，在肠腔里，它却不作怪。中国北平工人的肠腔里，就收留了不少它的芽孢。这大概是由于劳苦的工人多和土壤接近吧！我的这个孩子本来伏在土壤里面。尤其是在北平，大风刮起漫天的尘沙，人力车夫张着大口喘息不定地在奔跑，它的机会就来了。

其实，我要攀登"人山"上食道的机会，真多着呢！哪一条食道不是完全公开的呢？我的孩子们，谁有不怕酸的本领，谁能顽强抵抗人体的攻击，谁就能一辇一辇冲进去了。在这"人山"正忙着过年节的当儿，我的菌众就更加活跃了。

我虽这样地占领了食道，占领了人类的肚肠，却仍逃不过科学先生灼灼的目光。有时人们会叫肚子

名师批注

心理描写——肚肠中的细菌作乱时，人类也有应对的方法来消灭这些细菌。

读书笔记 ·············

为什么细菌吸收食物中的糖类和蛋白质？

痛，或大吐大泻，于是他们的视线，又都汇集到我的身上了，又要提我到实验室审问去了。那胡子的门徒又在作法了，号称天堂的肚肠，也不是我的安乐窝了。唉！真晦气！

肠腔里的会议

崎岖的食道，纷乱的肠腔，

我饱尝了糖类和蛋白质的滋味。

我看着我的孩子们，一群又一群，

齐来到幽门之内，开了一个盛大的会议，

有的鼓起芽孢，有的舞着鞭毛，

尽情地欢宴，尽量地欢宴。

天晓得，乐极悲来，好事多磨，

突然伸来科学先生的怪手，

我又被囚入玻璃小塔了，

无情之火烧，毒辣之汁浇，

我的菌众一一遭难了。

烧就烧，浇就浇，我始终不屈服！

他的手段高，我的菌众多，我永远不屈服！

这肠腔里的会议是值得纪念的。

这肠腔里的"菌才"是济济一堂的。

名师批注

直接抒情——人类与细菌斗智斗勇的过程永远不会停止，人类也永远无法真正消灭细菌。

　　从寂寞婴儿的肠腔，变成热闹成人的肠腔，我的孩子们，先先后后来到此间的一共有八大群，我现在一群一群地来介绍一下吧。

　　俨然以大肠的主人自居的"大肠杆菌"；酸溜溜从乳峰之口奔下来的"乳酸杆菌"；以不要现成的氧气为

生存条件的"厌氧杆菌"：这三群孩子我在前一章已经提出，这里不再啰唆了。其他的五大群呢？其他的五大群也曾在肠腔里兴旺过一时。

第四群，是"链球儿"那一房所出的，它的身子像圆圆的小球似的，有时成串，有时成双，有时单独地出现。科学先生看见它，吃了一惊，后来知道它在肚子里并不作怪，就给它起了一个绰号，叫作"吃屎链球菌"。"链球菌"这三字多么威风！这是承认它是肺港之役曾出过风头的吃血链球菌的小兄弟了。而今乃冠之以"吃屎"，是笑它的不中用，只配吃屎了。我这群可怜的孩子，是给科学先生所侮辱了。然而这倒可以反映出它在肠腔里的地位呀！

第五群，是"化腐杆儿"那一房所出的，它的小棒儿似的身体，蛮像大肠杆菌，不过，它有时变为粗短，有时变为细长，因此科学先生称它作"变形杆菌"。它浑身都是鞭毛，因此它的行动极其迅速而活泼。它好在阴沟粪土里盘桓，一切不干净的空气里，不漂亮的水里，都有它的踪迹。它爱吃的尽是些腐肉烂尸及一切腐败的蛋白质，它真是腐体寄生物中的小霸王。它在哪儿被发现，哪儿便有臭腐的嫌疑。它闻到了这肠腔里臭味冲天，料到这儿有不少腐烂的蛋白质在堆积着，因此它就混在剩余的肉汤菜渣里滚进来了。

在肠腔里，它虽能安静地干它化解腐物的工作，但它所化解出来的东西，往往含有一点儿毒质，使肠膜的细胞感到不安。科学先生疑它和胃肠炎的案件有关，因此它就屡次被捕了。如今这案件还在争讼不已，真是我这孩子的不幸。

名师批注
排比——这一类的细菌长相各不相同，也会以不同的形态出现。

读书笔记
"吃屎链球菌"这个名称体现了这一类细菌在肠腔中占据着怎样的地位？

读书笔记
请总结一下这类细菌与大肠杆菌在外形上的异同。

名师批注
议论——细菌会选择适宜的地方生存，而出现这些细菌，也就说明有适宜它生存的环境，这两者之间的联系是非常紧密的。

第六群，是"芽孢杆儿"那一房所出的。也是小棒儿似的样子，它的头上却长出一颗坚实的芽孢。它的性儿很稳，行动飞快。它的地盘也很大，乡村的土壤和城市的空气中，都寻得着它。它爱喝的是咸水，爱吃的是枯草烂叶。它也是有名的腐体寄生物，不过它的寄主多数都是植物的后身，因此科学先生称它作"枯草杆菌"。它大概是闻知了这肠腔里有青菜萝卜的气味，就紧抱着它的芽孢，而飘来这里借宿了。有那样坚实的芽孢，胃汁很难浸死它，它这一群冲进幽门的着实不少哇。

在新鲜的粪汁里，科学先生常发现一大堆它的芽孢。它又常到实验室里去偷吃玻璃小塔中的食粮，因此实验室里的掌柜们都十分讨厌它。但因为它毕竟是和平柔顺的分子，在大人先生的肚子里并没有闹过乱子，科学先生待它也特别宽容，不常加以逮捕。这真是这吃素的孩子的大幸。

第七群，是"螺旋儿"那一房所出的。它的态度有点儿不明，而使科学先生狐疑不定。它一被科学先生捉了去，就坚决地绝食以反抗，所以在那玻璃小塔里，是很难养活它的。后来还亏东方有一位什么博士，用活肉活血来请它吃，它的真相乃得以大明。它的像螺丝钉一般的身体，弯了一弯又一弯，真是在高等动物的温暖而肥美的血肉里娇养惯了，一旦被人家拖出来，才会那样难养。大概我的孩子们过惯了人体舒适的生活，都有这样古怪的脾气，而这脾气在螺旋儿这一群，是显得格外厉害的了。

即便如此，我这螺旋儿，有时候因为寻不着适当的人体公寓，也暂在昆虫小客栈里借宿，以昆虫为"中间宿主"。在形态上，在性格上本来已经有"原动物"嫌疑的它，更有什么中间宿主这秘密的勾当，愈加使科学先生不肯相信它是我菌儿的后裔了。于是就有人居间调停了，叫它作"螺旋体"（一类无芽孢的原核生物），说它是生物界的中立派，跨在动植物两界之间。这些都是科学先生的事，我何必去管。

我只知道，它和我的其他各群孩子过从很密。在口腔里，在牙龈上，在舌底下，我们都时常会见到。在肠腔里，我们也都在一块住，一块吃，它也服服帖帖的并不出奇生事。要等它溜进血川血河里，这才大显其身手，它原是血水的强盗。不过它还有一所秘密的巢窝，是人间所讳言的神秘之窟。其实，那有什么了不起呢？我一生成功的秘诀，就在繁殖得快而且多呀！正因为人类的生殖器，多为庄严的礼教所软禁，迫得愚夫愚妇铤而走险，这才闹出花柳病的案子、花柳病的乱子了。于是人类生殖器便成为这螺旋儿的势力区了，不然，它也只好平心静气地伏在肠腔里养老哇。

第八群，是"酵儿"和"霉儿"。它们并不是我自己的孩子，而是我的大房二房所出的，算起来还是我的侄儿哩。它们都是制酒发酵的专家。不过它们也时常到人类肚子里来游历，所以在这肠腔里集会的时候，它们也列席了。

那酵儿在我族里算是较大的个子，它那像小山芋似的胖胖的身体是很容易认得的。它的老家是土壤，它常伏在马蜂、蜜蜂之类的昆虫的脚下飞游，有时被这些昆虫带到了葡萄之类的果皮上，它就在那儿繁殖起来，那葡萄就会变酸了，它也就是从这酸葡萄酸茶之类的食物滚进"人身"的口洞里来了。酒桶里没有它，酒就造不成，这在中国的古人早就知道了，不过看不出它是活生生的生物罢了。它的种类也很多，所造出来的酒也各不相同。法国的酒商曾为这事情闹到了胡子科学先生的面前。

那霉儿，它的身子像游丝似的，几个十几个细胞连在一起。它是无所不吃的生物，它的生殖力又极强，气候的寒热干湿它都能忍耐过去，尤其是在四五月之间毛毛雨的天气里，它最活跃了。因此它的地盘之大，我的菌众都比不上。它有强烈的酵素，它所到的地方，一切有机体的内部都会起变化，人类的衣服、家具、食品等东西都给它毁损了。然而它的发酵作用并不完全有害，人类有许多工业都靠着它来维持哩。

关于这两群孩子的事实还很多，将来也要请笔记先生替它们立传，我这里不过附带声明一声罢了。

以上所说的八大群的菌众，先后都赶到大肠里集会了。

"乳酸杆儿"是吃糖产酸那一房的代表。

"大肠杆儿"是在肠子里淘气的那一房的代表。

"厌氧杆儿"是讨厌氧气那一房的代表。

"吃屎链球儿"是球族那一房的代表。

"变形杆儿"是吃死肉那一房的代表。

"芽孢杆儿"是吃枯草烂叶那一房的代表。

"螺旋儿"是螺旋那一房的代表。

"酵儿"和"霉儿"是发酵造酒那两房的代表。

这八群虽然不足以代表大肠的全体菌众，但是它们是大肠里最活跃、最显著、最有势力的分子了。

在前几章的自传里，我并没有谈到我自己的形态，在本章里我也只略略地提出。那是因为你们是没有福气看到显微镜的大众，总没有机会会见我，我就是描写得非常精细，你们的脑袋里也不会得到深刻的印象啊。在这里，你们只须记得我的三种外表的轮廓就得了：球形、杆形和螺旋形三种啊。

还有芽孢、荚膜、鞭毛也是我身上的特点，这里我也不必详细去谈它。

然而，我认为你们应当格外注意的，就是我在大肠里面是怎样的吃法，这和你们的身体很有利害关系呀。

我的这八群孩子，它们的食癖，总说起来可分为两大派：一派是吃糖，糖就是碳水化合物的代表；一派是吃肉，肉是蛋白质的代表。

它们吃了糖就会使那糖发酵变酸。

它们吃了肉就会使那肉化腐变臭。

这酸与臭就是我在生理化学上的两大作用啊。

然而大肠里蛋白质与碳水化合物的分布是极不平均的。和尚尼姑的大肠里大约是糖多，阔佬富翁的大肠里大约是肉多。

糖多，我的爱吃糖的孩子们，如乳酸杆儿之群，就可以勃兴了。

肉多，我的爱吃肉的孩子们，如变形杆儿之群，就可以繁盛了。

读书笔记

除了这八大群，肠腔中还有哪些细菌？请查阅资料之后说一说。

读书笔记

哪些菌群是吃糖的？哪些菌群又是吃肉的呢？

名师批注

对比——对于有着不同饮食习惯的人来说，肠胃的菌群也是不同的，我们可以通过调整饮食来调节肠胃中的菌群平衡。

乳酸杆儿勃兴的时候，是对你们大人先生的健康有益的，因为它吃了糖就会产出大量的酸。在酸汁浸润的肠腔里，吃肉的菌众是永远不会得志的，而且就是我那一群淘气的野孩子，偶尔闯进来，也会立刻被酸所扫灭了。所以在乳酸杆儿极度繁荣的肠腔里，人身上是不会发生伤寒病之类的乱子的。所以今天的科学医生常利用它来治疗伤寒。

伤寒的确是你们的一种极可怕的肠胃传染病，是我的一群凶恶的野孩子在作祟。这野孩子就是大肠杆儿那一房所出的。在烂鱼烂肉那些腐败的蛋白质的环境里，它就极容易发作起来。害人得痢疾的野孩子也是这一房所出的。害人得急性胃肠病的也是这一房所出的。它们都希望有大量的肉渣鱼屑，从胃的幽门运进来。还有霍乱那极淘气的孩子，也是这样的脾气。

就是这些野孩子不在肠腔里的时候，如果肠腔里的蛋白质堆积得过多，别的菌众也会因吃得过火，而使那些蛋白质化解成为毒质。

专会化解蛋白质成为毒质的，要算是著名的"腊肠毒杆儿"了，这杆儿是我的厌气那一房孩子所出的。这些厌气的孩子，身上也都带着坚实的芽孢，既不怕热力的攻击，又不怕酸汁的浸润，很容易就溜进肠腔里来了。

那八大群的菌众是肠腔会议中经常出席的，这些淘气的野孩子是偶尔进来列席旁听的。我们所讨论的议案是什么？那是要严守秘密的！

不幸这些秘密都被胡子科学先生的徒子徒孙们一点儿一点儿地查出来了。

于是这八大群的孩子、淘气的野孩子以及其他的菌众一个个都锒铛入狱，被拘留在玻璃小塔里面了。

这科学先生是要研究出对付我们的圆满的办法呀。

清除腐物

真想不到，我现在竟在这里，受实验室的活罪。

科学的刑具架在我的身上，

显微镜的怪光照得我浑身通亮；

蒸锅里的热气烫得我发昏；

毒辣的药汁使我的细胞起了溃伤。

亮晶晶的玻璃小塔里虽有新鲜的食粮，

那儿终究要变成我生命的屠宰场。

从冰箱到暖室，从暖室又被送进冰箱，

三天一审，五天一问，

侦察出我在外界怎样地活动，

揭发了我在人间行凶的真相。

于是科学先生指天画地地公布我的罪状，

口口声声大骂我这微生物太荒唐。

自私的人类，都在诅咒我的灭亡，

一提起我的怪名，

他们不是怨天，就是"尤人"（这"人"是指我）!

> **名师批注**
>
> 叙述——科学家在研究细菌的过程中，总会采取各种办法来认识不同细菌，了解它们的特点。

> **读书笔记**
>
> 细菌对于人类而言只有坏处吗？为什么人类总在想方设法地消灭它？

"怨天"的就说："天既生人，为什么又生出这鬼鬼祟祟的细菌，暗地里谋害人命？"

"尤人"的就说："细菌这可恶的小东西，和我们势不两立，恨不得将天下的细菌一网打尽!"

这些近视眼的科学先生和盲目的人类大众，都以为我的生存是专跟他们作对似的，其实我哪里有这等疯狂？

他们抽出片断的事实，抹杀了我全部的本相。

我真有冤难申，我微弱的呼声打不进大人先生的耳门。

现在亏了有这位笔记先生，自愿替我立传，我乃得向全世界的人民将我的苦衷宣扬。

我菌儿真的和人类势不两立吗？这一问未免使我的小胞心有点儿辛酸！

名师批注

心理描写——细菌与人类的关系并不是势不两立，而是相辅相成。

天哪！我哪里有这样的狠心肠，人类对我竟生出这样严重的恶感。

在生存竞争的过程中，哪个生物没有越轨的举动？人类不也宰鸡杀羊，折花砍木，残杀了无数动物的生命，伤害了无数植物的健康？而今那些传染病爆发的事件，也不过是我那一群号称"毒菌"的野孩子，偶尔为着争食而突起的暴动罢了。

名师批注

反问——在自然界中，每一种生物都为了自己的生存而在竞争过程中伤害了其他生物，这是很常见的现象。

正如人群中之有帝国主义者，兽群中之有猛虎毒蛇，我菌群中也有了这狠毒的病菌。它们都是横暴的侵略者，残酷的杀戮者，阴险的集体安全的破坏者，真是丢尽了生物界的面子！闹得地球不太平！

我那一群野孩子粗暴的行为虽时常使人类陷入深沉的苦痛，这毕竟是我族中少数不良分子的丑行，败坏了我的名声。老实说这并不是我全体的罪过呀！我菌众并不都是这么凶恶呀！

名师批注

类比——这些毒菌正如人类历史中的帝国主义者，兽群中的猛虎毒蛇，自私自利，只顾掠夺，甚至危害整个地球！

名师批注

感叹——少数细菌所犯的罪，我们并不能怪罪在所有细菌身上，要冷静对待哟！

我在那长年流落的生活中，踏遍了现在世界一切污浊的地方，在臭秽中求生存，在潮湿处传子孙，与卑贱下流的东西为伍，忍受着那冬天的冰雪，被困于那燥热的太阳，无非是要执行我在宇宙间的神圣职责。

我本是土壤里的劳动者，大地上的清道夫，我除污秽，解固体，变废物为有用物。

读书笔记 ·················
细菌有哪些作用？

有人说：我也就是废物的一分子。那真是他的大错、他对于事实的蒙昧了。

我飞来飘去，虽常和腐肉、烂尸、枯草、朽木之类混居杂处，但我并不同流合污，不做废物的傀儡，而是做它的主宰。我是负有清除它的使命的呀！

喂！自命不凡的人类呀！不要藐视了我这低级的使命吧！这世界是集体经营的世界！不是上帝或任何独裁者所能一手包办的！地球的繁荣靠着我们生物界全体的努力！我们无贵无贱，都要共同合作的呀！

读书笔记 ·················
从中你明白了什么道理？

在生物界的分工合作中，我菌儿微弱的单细胞所尽的薄力，虽只有看不见的一点一滴，然而我集合无限量的菌众，挥起伟大的团结力量，也能移山倒海，也能呼风唤雨呀！

　　　　我移的是土壤之山，

　　　　我倒的是废物之海，

　　　　我呼的是酵素之风，

　　　　我唤的是氮气之雨。

我悄悄地伏在土壤里工作，已经历过数不清的年头了。我化解了废物，充实了土壤的内容，植物不断地向它榨取原料，而它仍能源源地供给不竭，这还不是我的功绩吗？

我怎样化解废物呢？

我有发酵的本领，我有分解蛋白质的技能，我又有溶解脂肪的特长啊。

在自然界的演变途中，旧的不断地在毁灭，新的不断地从毁灭的余烬中诞生。我的命运也是这样。我的细胞不断地在毁灭与产生，我是需要向环境索取原料的。这些原料大都是别人家细胞的尸体。人家的细胞虽死，但它内容的滋养成分不灭，我深明这一点。但我不能将那死气沉沉的内容，不折不扣地照原样全盘收纳进去。我必须将它顽固的内容拆散，像拆散一座破旧的高楼，用那残砖断瓦、破栋旧梁，重新改建好几所平房似的。

因此，我在自然界里面，有一大部分的职责，便是整天整夜地坐在生物的尸身上，干那拆散旧细胞的工作。虽然有时我的孩子们因吃得过火，连那附近的活生生的细胞都侵犯了，但这是它们的唐突。这也许就是我菌儿所以开罪于人类的原因吧！

那些已死去的生物的细胞，多少总还含点儿蛋白质、糖类、脂肪、水、无机盐和活力素等六种成分吧。这六种成分，我的小小而孤单的细胞里面，也都需要，一种也不能缺少。

这六种成分之间，以水和活力素最容易消失，也最容易吸收，其次就是无机盐，它的分量本来就不多，也不难穿过我的细胞膜。只有那些结构复杂而又坚实的蛋白质、糖类和脂肪等，我才费尽了力气，将它们一点儿一点儿地软化下去，一丝一丝地分解出来，变成了简单的物体，然后才能引渡它们过来，作为我新细胞建设与发展的材料。

是蛋白质吧，它的名目很多，性质各异，我就统统要使它一步一步地返本归元，最后都化成了氨、一氧化氮、硝酸盐、氮、硫化氢、甲烷，乃至于二氧化碳及水，如此之类最简单的成分了。

这种工作，有个专门名词，叫作"化腐作用"，即把已经没有生命的腐败的蛋白质化解走。这时候往往有一阵怪难闻的气味，冲进旁观的人的鼻孔里去。

于是那旁观的人就说："这东西臭了，坏了！"

那正是我化解腐物的工作最有成绩的当儿啊！担任这种工作的主角，都是我那一群"厌气"的孩子。它们无须氧的帮忙，就在黑暗潮湿的角落里，腐物堆积的地方，大肆活动起来！

是糖类吧，它的式样也有种种，结构也各不同，从生硬的纤维素，顽固的淀粉到较为轻松的乳糖、葡萄糖之类，我也得按部就班地逐渐把它们解放了，变成酪酸、乳酸、醋酸、蚁酸、二氧化碳及水之类的基本物质了。

是脂肪吧，我就得把它化成甘油和脂酸之类的初级分子了。

蛋白质、糖类和脂肪，这许多复杂的有机物，都是以碳为中心的。碳在这里实在是各种化学元素大团结的枢纽。我现在要打散这个大团结，使各元素从碳的连锁中解放出来，重新组织适合于我细胞所需要的小型有机物。这种分解的工作，能使地球上一切腐败的东西，都现出原形，归还了土壤，使土壤的原料无缺。

我生生世世，子子孙孙，都在这方面不断努力着，我所得的酬劳，也只是延续了我种我族的生命而

名师批注

说明——细菌分解糖类的过程不是一蹴而就的，也要按部就班，才能分解成功。

名师批注

说明——细菌对有机物的分解原理大致相同，在这样的分解过程中，也使土壤回归了本来面貌。

已。而今，我的野孩子们不幸有越轨的举动，竟招致人类永久的仇恨！我真抱憾无穷了。

然而有人又要非难我了，说："腐物的化解，也许是'氧化'作用吧！你这小东西连一粒灰尘都抬不起，有什么能力，用什么工具，竟敢冒称这大地上清除腐物的成绩都是你的功劳呢？"这问题，19世纪的科学先生曾闹过一番激烈的论战。

名师批注

语言描写——因为认识水平的限制，人们对细菌的作用的了解总是比较片面。

在这里最能了解我的，还是那我素来所憎恨的胡子先生。他花了许多年的工夫，埋头苦干做实验，结果他完全证实了发酵和化腐的过程并不是什么氧化作用。没有我这一群微生物在活动，发酵是永远发不成功的呀！

我有什么特殊的能力呢？

我的细胞里面有一件微妙的法宝。

名师批注

设问——承接上文的疑问，引起下文的解释说明，承上启下，设置悬念，吸引读者。

这法宝，科学先生叫它作"酵素"，中文的译名有时又叫作"酶"，大约这东西总有点儿酒或醋的气息吧！

这法宝，研究生理化学的人，早就知道它的存在了。可惜他们只看出它活动的影响，看不清它内容的结构，我的纯粹酵素人们始终不能把它分离出来。因此多疑的科学先生又说它有两种了：一种是有生机的酵素，一种是无生机的酵素。

读书笔记

结合下文内容总结一下：这样分类的依据是什么？

那无生机的酵素，是指"蛋白酵""淀粉酵"之类那些高等动植物身上所有的分泌物。它们无须活细胞在旁监视，也能促进化解腐物的工作。因此科学先生就认为它们是没有生机的酵素了。

那有生机的酵素，就是指我的细胞里面所存的这微妙的法宝。在酒桶里、在醋瓮里、在腌菜的锅子里，胡子先生的门徒们观察了我的工作成绩，以为这是我的新陈代谢的作用，以为我这发酵的功能是我细胞全部活动的结果，因而以为我菌儿本身就是一种有生机的酵素了。

我在生理化学的实验室里听到了这些理论，心里怪难受的。

酵素就是酵素，有什么有生的和无生的可分呢。我的酵素也可以从我的细胞内部榨取出来，那榨取出来的东西，和其他动植物体内的酵素原是一类的东西。酵素总是细胞的产物吧。虽是细胞的产物，它却都能离开细胞而自由活动。它的行为有点儿像化学界的媒婆，它的光顾能促成各种化学分子加速结合或分离，而它自己的内容并不起什么变化。

在化学反应的过程中，这酵素永远是站在第三者的地位，保持着自己的本来面目的。然而它却不守中立，没有它的参加，化学物质各分子间的关系，不会那样紧张，不会引起突变，它算是有激发化学的变化之功了。

没有酵素在活动，全生物界的进展就要停滞了。尤其是苦了我！它是我随身的法宝。失去它，我的一切工作都不能进行了。

虽然，我也只觉着它有这神妙的作用。我有了它，就像人类有了双手和大脑，任何艰苦的生活，都可以积极地去克服。有了它，蛋白质碰到我就要松，糖类碰到我就要分散，脂肪碰到我就要溶解，都成为很简单的化学物质了。有了它，我又能将这些简单的化学物质综合起来，成为我自己的胞浆，完成我的新陈代谢工作，完成我清除腐物的使命。

读书笔记
为什么细菌对于人类的这些理论会感到难受？

名师批注
说明——酵素在自然界的作用非常神奇，怪不得会让人如此好奇！

名师批注
比喻——将酵素比作法宝，可见酵素对于细菌活动的重要作用。

名师批注
排比——有了酵素，细菌对于物质的分解就非常简单了。

这样一说，酵素这法宝真是神通广大了。它的内容结构究竟是怎样的呢？这问题，真使科学先生煞费苦心了。

有的说：酵素的本身就是一种蛋白质。

有的说：这是所提取的酵素不纯净，它的身体被蛋白质所玷污了，它才有蛋白质的嫌疑呀！

又有的说：酵素是一个活动体，拖着一只胶性的尾巴，由于那胶性尾巴的勾结，那活动体才得以发挥它固有的力量啊！

还有的说：酵素的活动是一种电的作用。譬如我吧，我之所以能化解腐物，是由于以我的细胞为中心的"电场"，激发了那腐物基质中的各化学分子，使它们阴阳颠倒，从而使它们内部的结构发生变动了。

这真是越说越玄妙了！

本来，清除腐物是一个浩大无比的工程。腐物是五光十色无所不包的，因而酵素的性质也就复杂而繁多了。每一种蛋白质，每一种糖类，每一种脂肪，甚至于每一种有机物，都需要特殊的酵素来分解。属于水解作用的，有水解的酵素；属于氧化作用的，有氧化的酵素；属于复位作用的，有复位的酵素。举也举不尽了。这些错综复杂的酵素，自然不是我那一颗孤单的细胞所能兼收并蓄的。这清除腐物的责任，更非我全体菌众团结一致地担负起来不可！

酵素的能力虽大，它的活动却也受了环境的限制。环境中有种种势力都足以阻挠它的工作，甚至于破坏它的完整。

环境的温度就是一种主要的势力。在低温度里，它的工作甚为迟缓，温度一高过 70℃，它就很快地感受到威胁而停顿了。由 35℃ 到 50℃ 之间，是它最活跃的时候。我有一种分解蛋白质的酵素，能短期地经过沸点热力的攻击而不毁灭，那是酵素中最顽强的一员了。

此外，我的酵素，也怕阳光的照耀，尤其怕阳光中的紫外线，也怕电流的振荡，也怕强酸的浸润，也怕汞、镍、钴、锌、银、金之类的重金属的盐的侵害，也怕……

我不厌其详地叙述酵素的情形，因为它是生物界一大特色，是消化与抵抗作用的武器，是细胞生命的靠山，尤其是我清除腐物的巧妙的工具。

> **名师批注**
> 比喻——将酵素比作武器、靠山，可见酵素在生物界的重要地位，一旦离了它，生物界的发展就要降速啦！

　　我的一呼一吸一吞一吐，
　　都靠着那在活动的酵素，
　　那永远不可磨灭的酵素。
　　然而，在人类的眼中，它又有反动的嫌疑了。
　　那溶化病人的血球的溶血素，不也是一种酵素吗？
　　那麻木人类神经的毒素，不也是酵素的产物吗？
　　这固然是酵素的变相，我那一群野孩子是吃得过火，
　　请莫过于仇恨我，这不是我全体的罪过。
　　您不见我清除腐物的成绩吗？
　　我还有变更土壤的功业呢！
　　这地球的繁荣还少不了我，
　　我的灭绝将带给全生物界以难言的苦恼，
　　是绝望的苦恼！

> **读书笔记**
> 还有哪些酵素或酵素的产物对人体有害？

> **名师批注**
> 心理描写——有些细菌所犯的罪的确可恶，但是我们要正确认识这些细菌，不要一竿子打翻一船人。

> **名师批注**
> 直接抒情——有些细菌在自然界有着非常重要的作用，一旦失去它，自然界将无法正常运转。

土壤革命

土壤，广大的土壤，是我的祖国，是我的家乡。

我从不知道什么时候起，就把生命隐藏在它的怀中，

我在那儿繁殖，我在那儿不停地工作，

那儿有我永久吃不尽的食粮。

有时我吃完了人、兽的尸肉，就伴着那残余的枯骨长眠；

有时我沾湿了农夫的血汗，就舞起鞭毛在地面上游行。

在神农氏没有教老百姓耕种的时候，

我就已经伏在土中制造植物的食料。

有我在，荒芜的土地可变成富饶的田园；

失去我，满地的绿意，一转眼，就要满目凄凉。

在有内容的泥土里，我不曾虚度一刻的时辰，

都为着植物的繁荣，为着自然界的复兴。

有时我随着沙尘而飞扬，叹身世的飘零；

有时我踏着落叶，乘着雨点而下沉；

有时我从肚肠溜出，混在粪中，颠沛流离；

经过曲曲折折的路途，也都回到土壤会齐。

我在地球上虽是行踪不定，

我在土壤里却负有变更土壤的使命。

变更土壤就是一种革命的工作，

是破坏和建设兼程并进的工作。

土壤，广大的土壤，原是微生物的王国，

并且，是微生物的联邦。

有小动物之邦，有小植物之邦。

在小动物之邦里，有我所痛恨的原虫，有我所讨厌的线虫，有我所望而生畏的昆虫。

在小植物之邦里，有我所不敢高攀的苔藓，有我所视为同志的酵霉，有我所情投意合的放线菌。

这些形形色色的分子，有些是反动的，有些是前进的。

看哪！那原虫，我在"人山"上旅行的时候，已经屡次碰见过了。在肚肠里，酿成一种痢疾的祸变的，不是变形虫的家属吗？在血液里，闹出黑热病的乱子的，不是鞭毛虫的亲族吗？变形虫和鞭毛虫都是顶凶顶狠毒的原虫。它们和我的那一群不安分的野孩子的胡闹，似乎是连成一气的。

它们不但在谋害高贵的人命，连我微弱的胞体也要欺凌。我正在土壤里工作的时候，老远就望见它们了。那耀武扬威的伪足，那神气十足的粗毛，汹汹然而来，好不威风。只恨我，受了环境的限制，行动不自由，尽力爬了24小时，也爬不到1英寸（1英寸=2.54厘米），还没来得及回避，就遭它们的毒手了。

这些可恶的原虫所盘伏的地层，也就是我所盘伏的地层。在每1克重的土块里，它们的数量，有时在100万以上，少的也有好几百，其中以鞭毛虫占多数。它们的存在，给我族的生命以莫大的威胁。它们真是我的死对头。

看哪！那线虫，也是一种阴险而凶恶的虫族，其中以吸血的钩虫尤凶。它借土壤的潜伏所，不时向人类进攻。中国的农民受它的残害者，真不知有多少。它真是田间的大患。这本与我无干，我在这里提一声，免得你们又来错怪我土壤里的孩子们了。

看哪！那昆虫，如蚂蚁之徒，是土壤联邦显要的居民。它们的块头颇大，面目狰狞，有些可怕，钻来钻去，骚扰地方，又有些讨厌。不过，它们所走过的区域，土壤为之松软，倒使我的工作顺利。我有时吃腻了大动物的血肉，常拿它们的尸体来换换口味，也可以解解土中生活的闷气。

这些土壤里的小动物的举动，在我们土壤革命者的眼中，要算是落后，而且有些反动的嫌疑了。

土壤里小植物之邦的公民，就比较先进了。

虽然那苔藓之群密布在土壤的上层，有着娇滴滴的胞体，绿油油的色素，能直接吸收太阳的光力，制造自己的食粮。但它们对于土壤的革命，有什么贡献呢？恐怕也只是一种太平的点缀品，是土壤肥沃的表征吧。它们可以说是土壤国的少爷小姐，过着闲适的生活了。

土壤里真正的劳动者，算起来都是我的同宗。酵儿和霉儿就是那里面很活跃的两种。

酵儿在普通的土壤里还不多见，但在酸性的土壤里、在果园里、在葡萄园里，我常遇着它们。没有它们的工作，已经被抛弃在地上的果皮花叶，一切果树的残余，怎么会化除完尽呢？

霉儿过着极简单的生活，在各式各样的土壤里我都遇到它们。它们这一房所出的角色真不算少：最常见的，有"头状菌"、有"根足菌"、有"曲菌"、有"笔头菌"、有"念珠状菌"，这些怪名都是描写它们的形态的。它们在土中，能分解蛋白质为氨，能拆散

名师批注
拟人——细菌分解尸体的过程，偏要说它是解解闷气，语言生动有趣。

名师批注
比喻——将这些苔藓比作少爷小姐，可见它们在土地中生活的逍遥了，怪不得细菌要嫉妒呢！

名师批注
反问——强调了酵儿的作用。在自然界，酵儿可以加速分解的过程，并且为土地提供养分。

读书笔记
从这些名字中你能联想到这些细菌长什么样子吗？请描绘一下。

极坚固的纤维素。酸性的土壤，是我所不乐居的，它们居然也能在那儿蔓延，真是做到我所不能做的革命工作了。

和我的生活更接近的，要算是放线菌那族了。它们那柳丝似的胞体，一条条分支，一支支散开。它们的祖先什么时候和我菌儿分家，变成现在的样子，如今是无从查考了。但在土壤里，它们仍同我在一起过活，只不过它们的生存条件似乎比我的严格点儿，土壤深到了30英寸，它们就渐渐无生望，终至于绝迹了。它们在土壤中最大的任务，是专门分解纤维素，它们似乎又有推动氧化其他有机物之功哩。

最后，我该谈到我自己了，我在土壤联邦里，虽个子最小，年纪最轻，但我的种类却最繁，菌众却最多，革命的力量也最伟大。

我的菌众，差不多每一房每一系，都是在土壤里起家。所以在那儿，还有不少球儿、杆儿、螺旋儿的后代；也有不少硝菌、硫菌、铁菌的遗族。真是济济一堂。

我的菌众估计起来，每1克重的土块中，竟有300万至2亿之多。虽然这也要看入土的深浅，离开地面2英寸至9英寸之深时我的菌数最多。以后入土越深，我也就越稀少了。深过了4英尺（1英尺＝0.3048米），我也要绝迹。然而，在质地松软的土壤里，我可以长驱直入达10英尺。

有这么多的菌群，在那么大那么深的土壤中盘踞着、繁殖着，无怪乎我声势的浩大，群力的雄厚，我的微生物同辈都赶不上了。

名师批注

叙述——细菌与放线菌之间还是有区别的，要注意区分呀！

名师批注

对比——虽然细菌的历史不长，但是也在自然界中发挥着自己不可取代的重要作用。

名师批注

举例子——在土壤中，细菌的种类是非常丰富的，各类细菌都在其中占据着一席之地。

读书笔记 ·············
请从列数字的角度赏析这一段文字。

我们这一大群一大群土壤联邦的公民，大多数都是革命的工作者。

土壤革命的工作，需要彻底的破坏也需要基本的建设，因而我们这些公民，又可分为两大派别。

第一派是"营养自给派"，是建设者之群。它们靠着自身的本事，有的能将无机的元素，如硫、氢之类，有的能将无机的化合物，如氨、二氧化氮、硫化氢之类，有的能将简单的碳化物，如一氧化碳、甲烷之类，都氧化起来，变成植物大众的食粮；又有的能直接吸收空气中的二氧化碳，以补充自己。

在建设工作进行中，这派所用的技术又分两种。有的用化学综合的技术，如硝菌、硫菌、氢菌、甲烷菌、铁菌等，我的这些出色的孩子，就是这样一群技术能手。看它们的名称就可知道它们的行动了。

有的用光学综合的技术，那满身都是叶绿素的苔藓，就是这一类的技术能手。

然而，没有破坏者之群做它们的先驱，预备好土中的原料，它们也有绝食之忧哇。

第二派是"营养他给派"，那就是土壤的破坏者之群了。它们没有直接利用无机物的本领，只好将别人家现成的有机物，慢慢地侵蚀，慢慢地分解，变成了简单的食粮，一部分饱了自己的细胞，其余的都送还土壤了。

然而有时它们的破坏工作是有些过激了，连那活生生的细胞也要加害，这事情就弄槽了。生物界的纠纷，都是由此而兴，而互相残杀的惨变层出不穷了。我所痛恨的原虫就是这样残酷的一群。

至于我菌儿，虽也是这一派的中坚分子，但我和我的同志们（指酵儿、霉儿及放线菌等）所干的破坏工作，是有意识的破坏，是化解死物的破坏，是纯粹为了土壤的革命而破坏。

土壤的革命日夜不停地在酝酿着，我们的工作也一刻没有停息过。然而这浩大无比的工程，是需要全体土壤公民的分工合作的。破坏了而又建设，建设了而又破坏，究竟是谁先谁后，如今是千头万绪，分也分不清了。

总之，没有"营养他给派"的破坏，"营养自给派"也无从建设；没有"营养自给派"的建设，"营养他给派"也无所破坏。这两派里，都有我的菌众参加，我在生物界地位的重要性是绝对不可抹杀的事实。而今近视眼的科学先生和盲目的人类大众，若只因一时的气愤，为了我族群中的那些少数不良分子的蛮动，而诅咒我的灭亡，那真是辜负了我在土壤里的苦心经营。

> **名师批注**
>
> 顶真——自然界运行的过程就是这样循环往复，生生不息。人类便是利用这样的过程逐渐掌握规律，发展自身的呀！

经济关系

我正伏在土壤里面，日夜不停地在做工，忽然望见一片乌云，遮满了中国古城的天空。顷刻间，狂风暴雨大作，冲来了一阵火药的气味，几乎使我的细胞窒息。我鼓起鞭毛东张西望，但见平津一带炮火连天，尸血满地！

这又将加重我清除腐物烂尸的负担了。

这人类的自相残杀，本与我无干，何必我多嘴。

然而不幸战事倘若延长下去，就有这样黑心眼的

> **名师批注**
>
> 环境描写——战争带来了人类历史的剧变，而这又与细菌有什么关系呢？开头便设置悬念，激发了读者的阅读兴趣。

人要利用细菌战了。这几年来，细菌战的声浪，不是也随着大战的呼声而高扬吗？

奇异而又不足奇异的是细菌战。那是说，他们要请出我那一群蛮狠凶顽的野孩子——人们所痛恨的病菌，来助战了，使我菌儿也卷入战争的旋涡了。这如何不引起我的特别注意呀！

本来，我的野孩子们平日都在和人作战。战争一发，更造成了它们攻人的机会。它们自然就会闻风赶到了。

我想到这儿，不禁打了个寒噤，我的荚膜和鞭毛都战战栗栗抖动起来了。

将来战事一旦结束，人类触目伤心，能不怪我的无情吗？在平时，我本有传染病的罪名，在战时，我又加上帮凶的暴行啊！他们要更加痛恨我了。

呵呵！我的这些孩子，真是害群之马，它们的猖獗，使人类大众莫不谈"菌"色变，使许多人犹认为"细菌"二字是多么不祥而可怕的名词。这真是我菌儿的大耻呀！

老实说，我的大部分菌众，不像资本家，靠着榨取而生存；不像帝国主义者，靠着侵略而生存；不像病菌，靠着传染病而生存。我的大部分菌众都是善良的细菌，生物界最忠实的劳动者，靠着自身劳动所得而生存。

我在土壤革命的过程中，经常地担任几部门最重要的工作。这在前章已经述过了。

在土壤里，我不但会分解腐物以充实土壤的内容，我还会直接和豆科之类的植物合作哩。

在豆根的尖头，我轻轻地爬上它弯弯的根须，接着爬进了豆根的内质，飞快地繁殖起来，由内层复蔓延到外层，使豆根肿胀了，长出一粒一粒的瘤子。这就是"豆根瘤"的现象。

名师批注
描写——细菌与大豆形成合作，彼此相互帮助。

就这样，我和豆根的细胞取得密切联络，实行同居了。我隐藏在豆根瘤里的菌众，都是技术能手。它们都会吸收空气中的氮，把它变成硝酸盐，送给豆细胞，作为营养的礼物，而同时也接受了豆细胞送给它们的赠品——大量的糖类。

名师批注
比喻——细菌与豆根合作的产物，作者将其比作礼物、赠品，可见它们之间的合作是互惠的。

这真是生物界共存共荣的好榜样，没有一丝侵略者的虚伪气息。

种植豆科植物可以增加土壤的肥沃度，中国古代的农民老早就知道这事了。可惜几千年以来，吃豆的人们，始终没有看见过我的活动啊。

直到1888年，有一位荷兰的科学先生出来，仗义执言，由于他研究的结果，我在土壤里的这个特殊功绩才被表扬了一下。

这是在农业经济上，我对于人类的贡献。

在工业方面，我和人类发生了更密切的经济关系。

名师批注
过渡——细菌的作用不仅在农业方面非常显著，在工业方面同样作用巨大。

人类的工业，最重要的莫过于衣食两项，在这衣食两项中，我却都尽了最大的努力——努力生产。

我原是自然界最伟大的生产力。

宇宙是我的地基，地球是我的厂屋，酵素是我神妙的机器。一切无机和有机的物体都是我的好原料。

名师批注
类比——细菌存在于宇宙之中，在地球上有着举足轻重的作用，是自然界的一大功臣。

我的菌众都在共同劳动，共同生产，所创造的东西，也都涓滴归公，成为生物界的共有物了。

不料，野心勃勃的人类却想将我的生产物集中并

名师批注

对比——细菌尚且知道集体的力量，人类却还是如此自私，令人汗颜。

读书笔记 •··············
人们对微生物的认识过程给了你什么启示？

据为私有。

在显微镜发明以前的时代，他们虽不知道我的存在，却早已发现了我的劳动果实。他们凭着暗中摸索所得的经验，也知道了在人工的环境里面安排好了必需的原料，也就能产出我的劳动果实来了。

这在当初他们就认为是自然而然的事。到了化学昌明时代，他们又认为这是化学变化的事。谁也想不到这乃是微生物的事呀！

他们所采选的原料，也就是我的天然食料，我的菌众老早就预伏在那里面了。并且在人工的环境都适合了我生存的条件时，我也飘飘然地不请自来了。

我不声不响地在那儿工作着，造成了大量的生产品。他们却以为是他们自己的创造与发明。

于是传之子孙，守为家传秘法。我的劳动果实，居然被这些无耻的商人占为专利品了。

从酒说起吧，酒就是我的劳动果实之一。我的亲属们多数都有造酒的天分，尤其是酵儿和霉儿那两房。米麦之类的糖类，各式各样的糖和水果，一经它们的光顾，就都带点儿酒味了。不过，有的酒味之中，还带点儿酸，带点儿苦，或带点儿臭。这显然表示，在自然界中，有不少杂色的劳动分子，在参加酒的生产哪！这些造酒的小技师，各有不同的个性，不同的酵素，它们所受用的原料，又多不同，因而天下的酒，那气味的复杂，也就很可观了。

这是酒在自然界中的现象。

天晓得，传说中，是在大禹时代吧，就有了这么一位聪明的古人，叫作仪狄的，偶尔尝到了一种似乎

名师批注

说明——每一种细菌都有各自不同的特点，所以在不同情况下会产生不同的结果，我们在生产之中要注意把握这一点。

是酒的味道，觉着香甜可口，就想出法子，自己动手来造了，从此中国人就都有了酒喝。

西方的国家，也有他们造酒的故事。

于是，什么葡萄酒哇，啤酒哇，白兰地呀，连同绍兴老酒、五加皮等都算在一起，酒的花样真是越来越多了。

读书笔记 •·············
除此之外，你还知道有哪些酒？

酒也是随着生产手段的变化而变化的吧！然而在这生产手段中，我却不能缺席。

在自然界，酒是我的手工业，我的自由职业，我是造酒的生产力。

在人类的掌握中，酒是我的强迫职业，我成为造酒的奴隶，造酒的机器了。

名师批注

对比——同样的细菌，在自然界和在人类的掌握中境遇却完全不同，所产生的结果也是有区别的。

奇异而又不足为奇的是，人类造酒的历史已经有几千年了。他们从不知道有我在活动。

这黑幕终于是揭穿了，那又是胡子科学先生的功业。他在显微镜上早已侦察好我的行踪了。

有一回，他特制了几十瓶精美的糖汁果液，大开玻璃小塔之门，招请我入内欢宴，结果我所亲到过的地方，一瓶一瓶都有了酒意了。

读书笔记 •·············
你也可以尝试准备一瓶糖汁果液，进行发酵，看看会不会产生酒意。

于是他就点头微笑地说："乖乖，微生物这小子果然好本领，发酵的工程，都是由它一手包办成功的呀！"

话音未落，他就被法国的酒商请去，看看他们的酒桶里出了什么毛病，怎么好好的酒，全变成酸溜溜的了。

胡子先生细细地视察了一番，就做了一篇书面的报告。大意是说：

"纯净的酒，应该请纯净的酿母菌来制造。酒桶的监督要严密，不可放乳酸杆菌或其他不相干的细菌混进去捣乱。

"乳酸杆菌是制造乳酸的专家，绝不是造酒的角色。你们的酒桶就是这样给它弄得一塌糊涂了，这是你们这次造酒失败的大原因……用非其才。"

他所说的酿母菌，指的就是我那酵儿。

我那酵儿，小山芋似的身子，直径不到 5 微米，体重只有 0.0000098175 毫克。然而算起来，它还是吾族里的大胖子。

名师批注

列数字——酵儿的体积非常小，但在细菌中也算大胖子了，可想而知，细菌的体积是多么小。

然而胡子科学先生只知其一，不知其二。那大胖子并不是发酵唯一的能手，吾族中还有长瘦子，也会造出顶甜美的酒。这长瘦子便是指我的霉儿。

它身着有色的胞衣，平时都爱在潮湿的空气中游荡，到处偷吃食品，捣毁物件，是破坏者的身份，又怎么知道它也会生产，也会和人类发生经济关系呢？

这就要去问中国台湾人了。

名师批注

疑问——通过提出问题，让读者产生阅读兴趣，为下文具体说明这类细菌的作用做铺垫。

原来霉儿那一房所出的子孙很多很复杂。有一个孩子，叫作"黑曲霉"的，不知怎的竟被中国台湾人拉去参加制酒的劳动了。现今的中国台湾酒，大半都是由它所造成的。

这一房里，还有一个孩子，叫作"黄绿色曲菌"的，也曾被中国、日本和南洋群岛（马来群岛的旧称）等处的酒商，聘去做发酵的工程师。不过它所承担的是初步的工作，是从淀粉变成糖的工作。由糖再变成酒的工作，他们又另请酵儿去承担了。

我的菌众当中，有发酵本领的当然不止这几个，有许多还等着科学先生去访问呢。这里恕我不一一介绍了。

酒固然是发酵工业中的主要生产品，但甘油在这战争的时代，也要大出风头了。

甘油原是制造炸药的原料。请一请酵儿去吃碱性的糖汁，尤其是在那汁里掺进了40%的亚硫酸钠，它痛饮一番之后，就会造出大量的甘油和酒来了。

不过，还有面包。西洋的面包等于中国的馒头包子，都是大众的粮食。它们也须经过一番发酵的手续。它们不也是我的劳动果实吗？

可怜我那有功无罪的酵儿们，在面包制成的当儿就被人们用不断高升的热力所蒸杀了。这在面包店的主人，一方面是要提防酵儿吃得过火，一方面又是担心野菌的侵入，所以索性先下手为强，以保护面包领土的完整。

有时面包热得并不透心，这时候我的野孩子里面有个叫作"马铃薯杆菌"的，它的芽孢早已从空气中移驻到面包的心窝了，就乘机暴动起来，于是面包就变成胶胶黏黏的有酸味不中吃的东西了。

在人类的餐桌上除了面包和酒以外，还有牛奶、豆腐、酱油、腌菜之类的食品，也都须靠着我的劳动才能制造成功。

牛奶，不是牛的奶吗？怎么也靠着我来制造呢？

这里我指的是一种特别的牛奶——酸牛奶。

酸牛奶的酸是有意识的酸，是含有抗敌作用的酸。酸牛奶一落到人们的肚子里，我的野孩子们就不敢在那儿逞凶了。

奇异而又不足为奇的是，制造酸牛奶的劳动者，就是造酒商人所痛恨的"乳酸杆菌"哪！

呵呵！我的乳酸杆菌，在牛奶瓶中，却大受人们欢迎了。

不但在牛奶瓶中有如此盛况，在制造奶油和奶酪的工厂中，它也到处都受厂方的特别优待。这都因为它是专家，有精良的技术。奶油、奶酪、酸牛奶等，都是它对人类优良的贡献。

酸牛奶在保加利亚、土耳其及其他国家，是很盛行的。因为它有功于肠胃，所以那儿的居民，常恭维它作"长寿的杆菌"。这真是我这孩子的一件美事。

据说，美国的腌菜所用的乳酸，也是这乳酸杆菌的出品。不过，他们在乳酸之外，有时又掺进了一些醋酸、酪酸及其他有香味的酸。

这些淡淡浓浓的酸，我也都会制造。法国有一位著名的女化学家，就曾请我到她实验室里表演造酸的技术。结果，我那个黑色的菌儿表演的成绩最佳，它造成了大量的草酸和柠檬酸。现在市场上所售的柠檬酸，一大部分都是它的出品。

豆腐、酱油之类的豆制食物，却是我的黄绿色曲菌的出品了。这是因为它有化解豆类蛋白质的能力。

中国制酱油的历史，算是最久远了。可惜中国人死守古法，不知改进，又因为对我的真相的不认识，酱油里往往有野菌暗渡，弄得黄绿色曲菌不能安心工作，不知浪费了多少原料哇！

你看，那日本的商人就乖巧些，他们就肯埋头研究，积极在我的菌众中物色最干练的酱油司务。

在爪哇，豆制食品也很兴盛，他们专请了另一位小技师，那是我的棕色曲菌。我又有几个孩子，被美国人请去帮他们制造甜美的冻膏了。

总之，在吃的方面，我和人类的经济关系，将来的发展是未可限量的。

不过在许多地方，人类却都提心吊胆的，谨防我来侵犯他们的食品。这是因为我那些野孩子的暴行给他们的恶劣印象太深刻了。

那新兴的罐头食品工业，便是人类食品自卫的一个大壁垒。他们用高压强热的手段，来消灭我在罐头境内的潜势力；又密不通风地封锁起来，使我无缝可入。这真是罕见的门罗主义，食物的独占政策，我在这儿也不便多说了。

穿的方面呢？人类也尽量地利用了我的劳力了。浸麻和制革的工业就是两个显著的例子。

在这儿，我的另一班有专门技术的孩子，就被工厂里的人请去担任要职了。

古埃及的人，就发明了浸麻的法子了，也老早就雇用了我做包工。

可是，像造酒一样，他们当初并没有看出我的行迹来。

浸麻的原料是亚麻。亚麻是顶结实的一种植物组织，是衣服的上等材料。它的外层，有顽固而有黏胶性的纤维包围着。

浸麻的程序就是要除去这纤维。这纤维的消除又非我不行。我的孩子们有化解纤维素的才能的也不多见。由此可见，化解纤维素的本事，直是难能可贵了。

名师批注

议论——细菌为人类创造了非常丰富的美食，并且为人类的经济发展做出了巨大的贡献，而我们对其加以适当的利用就可以创造更大的价值啦！

读书笔记
请查阅资料，了解亚麻中纤维的构造。

读书笔记 •·················

从人类利用细菌浸麻的过程中你能学到什么？

名师批注

排比——在制革的工厂里，细菌们也在努力地贡献着自己的力量，为工业生产助力。

名师批注

议论——细菌在人类的生产生活中都扮演了非常重要的角色，所以我们更要正确地认识细菌呀！

读书笔记 •·················

人类应该以怎样的态度面对种种细菌呢？

这秘密，直到 20 世纪的初期，才有人发觉。从此浸麻的工业者，就开始注意我这有特殊技能的孩子的活动了。于是就力图改善它的待遇，在浸麻的过程中，严禁野菌和它争食，也不让它自己吃得过火，才不至于连亚麻组织的本身也吃坏了。

在制革的工厂里面，我的工作尤为紧张。在剥光兽毛的石灰水里，在充满腥气的暗室中，在五光十色的鞣酸里，到处都需要我的孩子们的合作。兽皮之所以能化刚为柔而不至于臭腐，我实有大功。

不过，在这儿，也和浸麻一样，不能让我吃得过火，万一连兽皮的蛋白质都嚼烂了，那就前功尽弃了。

土壤革命补助了农村经济；衣食生产有功于人类的工业。这样看来，我不但是生物界的柱石，我还是人类的靠山，干脆点儿说：人类靠着我而生存。

这并不是我大言不惭。

你瞧！那滚滚而来臭气冲天的粪污，都变成田间丰美的肥料了。这还不是我的力量吗？没有我的劳动，粪便的处置，人类简直是束手无策。

由此可见，我和人类，并非绝对对立，并无永久的仇怨！

那对立，那仇怨，也只是我那些少数的淘气的野孩子的妄举蛮动。

通过我和人类层层叠叠的经济关系，也可以了解我们这一小一大的生物间仍有合作的可能啊！

然而人类往往以特殊自居，不肯以平等地位相待。自从实验室里燃起无情之火，我做了玻璃之塔中的俘虏，我的行动被监视，我的生产被占有，从此我

的统治权属于那胡子科学先生的党徒了。我这自然界
中最自由的自由职业者，如今也不自由了，还有什么
话可说！

名师精华赏析

　　小小细菌，在作者笔下却有了灵魂，向人类讲述自己的经历、利弊、作用，高兴时会振臂高呼，委屈时也会大喊冤枉，流泪倾诉。作者通过丰富的联想，有趣的语言，为我们揭开了"细菌"这一生物的神秘面纱，它在人体中、土壤中，甚至经济方面起到的作用都是巨大的，我们不能以偏概全，因为某些细菌的胡作非为，而武断地否定所有细菌，要不然细菌委屈起来，眼泪可能又要止不住啦！

积累与运用

好词

谦卑　惬意　周到　申辩　肥美　蒙昧　猖獗　明晃晃

莫名其妙　半信半疑　冥冥之中　道听途说　千回百转

短小精悍　无忧无虑　乐不思蜀　涸辙之鲋　层出不穷

一劳永逸　得意扬扬　从中作梗　风尘仆仆　有机可乘

颠沛流离　养精蓄锐　牵强附会　前呼后拥　束手无策

长驱直入　鼎鼎大名　同流合污　按部就班　害群之马

💡 佳句

这呼吸道又很像一条自由港，灰尘的船只可以随意抛锚。

我本是风尘的游客，哪配久恋鼻乡呢？何况前面还有森严的鼻毛，挡住我的去路哇！

我在旁听了之后，不禁叹服这位科学先生的神明，他能这样精巧地定计破贼，真是科学公堂上的包拯啊！

我初到人、兽身上的时候，看见那肉山上森严地立着疏疏密密的森林似的毛发须眉，又看见散乱地堆着重重叠叠的乱石似的皮屑。

在黏液中，我似梦非梦地在独自思念着，想起了无限缠绵悱恻的往事。

说也奇怪，这塔口的棉花塞，虽有无数细孔，气体可以来往自如，却像《封神榜》里的天罗地网，《三国演义》里的八阵图，任凭我有何等通天的本领，一冲进里面，就被绊倒了，迷了路逃不出去，所以看守我的人，是很放心的。

💡 美文仿写

作者在为"菌儿"作传时，运用丰富的联想、想象，通过菌儿的口吻，为我们介绍人体运作的过程，以及细菌在其中发挥的重要作用，语言十分风趣幽默，让人手不释卷。现在请你查阅资料，了解人体某一部分的运作过程，运用联想、想象，仿照下面的文段将其生动地描绘出来。

一越过了有皱纹的胃的幽门，食道上的景色就要一变，变成了重重叠叠的、有"绒毛"的小肠的景色了。酸酸的胃汁流到了这里，就渐渐地减弱了它的酸性。同时，黄黄的胆汁自肝来，清清的胰汁自胰腺来，黏黏的肠汁自肠腺里涌出，这些人体里的液汁，都有调剂酸性的本能。经过了胃的一番消化作用的食物，一到小肠，就渐渐成为中性的食物了。中性是由酸入碱必经的一个段落。在这个段落里，我就敢开始我吃的劳作了。

知识大宝藏

　　在人体胃肠中的细菌是非常丰富的，它们分布在胃肠中的不同地方，默默地发挥着自己的作用，帮助人类进行消化，也让自己过上富足的生活。不过有些细菌可能不太友好，常常令人受罪，所以我们一定要知己知彼才能百战不殆呀！那么老师就要来考考你们：你们知不知道人的胃肠里不同部位都分布着哪些细菌？请在下列的胃肠图片中一一标出。

第一章　真题演练

一、填空题

1. 在自传中，细菌自称_____。

2. 细菌最喜欢的是暖血动物的体温，那是在_____左右。

3. 细胞所必需的十大元素以碳为主；_____、_____、_____次之；钾、钙、镁、铁又其次；磷和硫居后。

4. 菌儿的生活也可以分为_____三期，这是根据营养的盛衰，生殖的速度，身材的大小，结构的繁简而定的。

5. 法国的罗尼河曾是一条著名的"伤寒"河；德国的易北河是一条历史的"_____"河；美国的伊利诺河又是一条过去的"伤寒"河。

6. "_____"是吃糖产酸那一房的代表。

二、简答题

1. 细菌对人类不是只有坏处。生活中的很多方面，细菌都为人类创造了便利。请你查阅资料，说一说：在经济方面，细菌对人类有哪些帮助？

2. 作者为"菌儿"写下的自传生动有趣，想必在你生活中也有同样可爱的某种东西，请你也以第一人称的角度，为这样的东西写一个自传吧！

参考答案

一、填空题

1. 菌儿

2. 37℃

3. 氢；氧；氮

4. 少；壮；老

5. 霍乱

6. 乳酸杆儿

二、简答题

1. 略。（开放性答题，结合现代社会实际，说出两个即可。）

2. 略。（介绍东西的名称、来源、特点、用途、意义等内容。言之有理即可。）

第二章

科学小品：细菌与人

名师导读

　　自人类发现细菌以来，对它的研究便从未停止，人们也在生活的更多方面发现了细菌的身影。对于细菌，人们充满了好奇。它有哪些种类？它为什么出现？它在人类的生活中到底扮演了怎样的角色？让我们一起阅读本章的内容，找到这些问题的答案吧！

人身三流

　　我由泪想起汗，由汗想起尿。

　　这是贫民窟里的"三宝"，却不为一般人所重视，因此我愿意替它们宣传宣传。

　　泪在灾民、难民眼眶里狂涌，汗在车夫、工人的额角和背上怒奔，尿在黑暗的角落打滚。

　　这是三种有生命的水呀，被压迫而向体外逃亡，所以我称它们为"人身三流"。

　　人身所流出的水，固不只这三种，而这三种却是最肯抛头露面，爽直，不稍存退缩之心的。

　　中国人的传统观念中，总认为地位尊贵者，他的一切就高人一等。因此，在这人身的三流里面，泪的

名师批注

描写——人生中经历苦难的人太多，实在令人同情、唏嘘。

位置最高，也可以自称为"上流"了；汗的位置，上上下下，几遍于全身，只可称为"中流"；尿呢，那就是被人所贱视的"下流"了。

尿不如汗，汗不如泪，似乎是理所当然的道理。

所以，古今诗人雅士在吟诗作赋时，免不了说一两句伤心话，不是断肠，就是落泪，几乎非泪不足以表其多情。泪总是多情的产物，于是泪就可与茶一般的清高了。

一提到了汗，他们就有些讨厌这个了，然而诗人到了夏天就有苦热诗了，在苦热诗里，又似乎非汗不足以写其苦。

至于尿，这卑鄙下贱的东西，用它骂人出气还可以，绝不可以入诗文，就是俗人之间的谈话也都极力避免用"尿"字。

其实，这是不公平，不正确的。我们都被传统的观念所束缚，所蒙蔽了。

尿、汗、泪三者都是人身的分泌物，干净时，一样的干净；龌龊时，一样的龌龊。

查其来源，它们都是从血液里面逃出来的流民。

观其内容，尿最丰富，汗次之，泪最淡泊。然而它们都是一样的带点儿酸性的盐水，都含有一些"尿素"之类的有机化合物，还有别的，这里暂不提。

论其功用，尿最伟大，汗次之，泪就在可有可无之间了。

泪的故乡是眼角和鼻骨之间的泪器。泪时时都伏于泪器的门口观望，有时出来巡逻，洗洗眼珠，清清眼皮，偶尔堕入鼻子的深渊，就成为一种鼻涕了。

读书笔记
你认为泪、汗、尿真的有上流下流之分吗？

读书笔记
请你背两句含有"泪"的诗句。

读书笔记
结合下文内容说一说：尿、汗、泪这三者之间的作用有何不同？

名师批注
说明——泪水潜伏于泪器中，所起的作用的确不是很大。

泪在心理上颇有地位，人都认为它和悲哀的情感有关系，这是因为泪器的细胞和大脑派出的神经有直接联系。然而，有时笑也会出眼泪；眼睛受了辣椒、烟雾的刺激也会出眼泪；又有所谓流泪弹（催泪弹）之类的毒品，专使我们流出大量的泪。

由此可见泪实是眼睛的警备队、保护者了。

人本是流泪的生物。自出生到老死这一个过程中，流泪的机会多着呢。但中国人的眼泪是用得太滥了，各自为一身一家的疾痛而流出一点一滴的泪是弱小而无聊的。

读书笔记 ·············
你是否同意这样的观点？为什么？

现在我们东方第一古国的悲剧已一幕一幕地揭开了，我们要学春秋战国时荆轲和高渐离二侠士在燕市酒馆里那样慷慨悲壮的流泪。我们希望拿四亿大众的热泪来掀波翻浪，洗净国耻。

然而泪终究是弱者的武器，单靠它来救亡图存，那力量是太薄弱了。

泪之后，还须继之以汗。

汗的原籍是皮肤里面的汗腺。全身的皮肤，除了外耳道、包皮、龟头之外，其他地方都有汗腺，而手掌和足底的汗腺为最多，人身皮肤汗腺的总计大约在200万个以上。

读书笔记 ·············
结合生活经历说一说：你一般在什么情况下会出汗？

汗腺出汗的多少是没有规律的。这要看四周空气的情形——寒暖如何，干湿如何。多跑多动也会出汗。有时人们受了惊吓，也会吓出一身冷汗来，因为汗被情感所支配了。据说，在平时，就是穿长衫的人们，平均每24小时要出汗2～3升。这是皮肤受到衣服的包围，那里面的热气常在32℃左右，所以无形之中，

名师批注
列数字——每天人们的出汗量并不少，那汗水都去哪里了呢？

时时都在出汗了。

不过，这汗不是水而是汽，大约要过了33℃的"界点"，汗气才会变为汗水。

汗水和汗气的分界，也可以说就是劳力和劳心的分界。

汗水里面的宝贝，除了盐和水之外，还有尿素、尿酸、肌酸、脂肪酸、蛋白素之类的杂烩，其中以尿素的成分为最主要。

刚洗完蒸汽浴或经过一番强烈的运动之后，满头满身，淋淋漓漓，都是热汗，而那些汗珠里面，尿素的成分顿时就增加了许多。

有的人听了这话就有些不愿意，而且不大相信，以为尿素这下流东西也配在我头上身上作威作福？

然而，这是生理上的事实。

原来尿和汗还是亲家，尿中尿素减少，则汗中尿素加多；汗中尿素少，则尿素就又跑回尿那边去了。而其来去的主权，则由大脑派有特别神经暗中掌控。

尿的历史就复杂得多了，现代疾病的诊断又往往非作尿的检查不可，都是想从尿液里追寻出疾病的"赃物"。尿的出身虽甚下贱，它的先前性状又极神秘，而它却是牺牲了自己而出奔，有的说是被压迫而逃亡，它调和了血液，保全了全体，大有功于人身。将来如有空闲，也替它拟作一篇正传。这里所要谈的，不过举其大概罢了。

尿的大本营是肾，膀胱是它的行营。

肾是一副多管的腺，俗称"腰子"，又号"腰花"，常常有人误认为它是男子生殖器的睾丸。其实睾

读书笔记
结合下文内容说一说：为什么会是这样的分界？

名师批注
说明——汗与尿之间是共通的，从尿素在两者之间的分配就能够略知一二啦！

名师批注
比喻——肾作为大本营生产尿，膀胱作为行营储存尿，通过形象生动的比喻写出了它们的不同作用。

丸只是藏精之宫，而肾却是尿的制造所了。

在这个制造所里面，约有 200 万颗小球（肾小球），还有无数微血管密密地分布于此。

这么多的肾小球又都被小球囊所包围，小球囊和肾小球之间只隔了两层薄薄的膜，一层是微血管的外皮，一层便是肾小球的外皮。

那小球囊的空间，就是尿管的起点。

尿管起初是弯来弯去、千回百转，所以叫作盘曲的小管，后来才变成直直的一条，出了肾，直通尿道，达于膀胱。

肾，这制尿所，其结构是如此细微而繁复，于是生理学者又在显微镜下研究了许久，眼都看红了，却还是纷纷论战，各执一说，还不能解决尿是怎样制造的这个问题。

有一派说，血一到了肾小球的微血管，因受大血管里的高血压所迫，只得透过那两层薄膜，到了小球囊的空间，而后变成了尿。可是那尿太稀了，于是当尿流过了盘曲的小管的时候，其中有一部分又被两旁的外皮细胞吸收了，剩余的尿渐渐成了浓尿的本色。

又有一派也承认，尿是血所滤过的东西。不过，他们以为，在小球囊里的尿还不是完整的尿，只是些无机盐和水，所以稀。后来，在流经盘曲小管的途中，又有一批尿素、阿摩尼亚之类的物质，从两旁的外皮分泌出来加入尿的洪流中，于是就变浓了。

这两种说法各有其道理，其试验根据就等他们决定了，再叙罢，现在我们只要知道尿是血的后身就够了。

血是最受人敬重的，我们又怎能看不起尿呢？

尿是有时带有酸性，有时又淡，这是间接受了食物的影响。吃肉的人，尿是酸性的；吃素的人，尿近于淡。尿若变成了碱性，那是细菌这小贼的恶作剧。

尿的成分，除了守本分的无机盐和水之外，杂色的分子极多，主要的当然是尿素，其余还有尿酸、肌酸、马尿酸、草酸、硫酸盐、氧化酸、氮化酸、氮气、碳酸气、尿色素、尿胆素，各有各的来历与背景，除了有时列席有时缺席者不计外，真是济济一堂。这些名目都是抄自一位化学家的记录。

然而，有人读了就要生疑了，那姓马的尿酸怎么也会杂在里面，人尿里难道也会有马尿吗？

本来科学名词都有些奇特，我们若较真起来就很吃力。马尿酸本是吃草的动物，如马之类的尿中所常有的成分；人及吃肉的动物难得有，但人若常吃素，尿里就会有大量的马尿酸了。

反之，尿酸乃是吃肉的记号。所以尼姑、和尚之流，若开了荤，偷着买肉吃，尿里面马尿酸的成分就变成了尿酸，这是瞒不过实验室里的化验员的。

尿的质是这样琳琅富丽，尿的量也很可观。成年男子在24小时之内所分泌出尿的总量，通常都有1500～1700立方厘米之多。当然，水喝得愈多，尿也就愈多，喝了茶、咖啡之类的饮料，尿也较多，这是常人所知道的。尿实是血过剩的去路啊！

然而，有人就要问了，尿何以恶臭难闻，它不是屎之流吗？这又是传统的误会了。

尿与屎并论，是尿百世之冤恨。屎是食物的渣滓

名师批注

反问——身体构造部分本没有高低贵贱之分，是人类以自己的偏见给它们划分了不同的地位，这本身就是不合理的。

名师批注

疑问——作者针对尿的成分提出问题，设置悬念，吸引读者，也为下文做了铺垫。

读书笔记

根据你平时的饮食习惯猜测一下：你体内是马尿酸居多还是尿酸居多？

名师批注

列数字——人类每天排出的尿量并不少，并且深受生活习惯的影响。

和以胆汁，又有粪臭素、硫化氢之类的臭物，细菌成兆成亿地在那里寄生。虽居人身的腹地，并未曾受人肉的同化。

屎是血的分泌，血清屎亦清，血浊屎也浊；血糖有过剩，而屎就成为糖尿了。

屎的本味就是阿摩尼亚的本味，是一种单纯的药味，昏迷的人闻了，还可以大醒。

屎之所以恶臭，是因为离了人身之后而变成这样的，这不是屎之本身的罪状，而是细菌的罪状；让细菌吃饱了的东西，就是汗、泪、血、肉，有哪一件不臭呢？

独于屎，最被人看不起，这是"下流者"的不幸。

中国贫民窟里下层的民众，也被人看不起了几千年了。

泪也竭了，屎也尽了，只有汗还多，可以流。

多喝些革命的水，多喝些抗敌的酒，澄清民族的污浊！流出四亿人的血，使全太平洋的水变色！

色——谈色盲

有些泥古守旧的人，对于色，只认得红，其余的都模糊不清了，以为红是大喜大吉，红会升官发财，红能讨老婆生儿子，其余的色，哪一个配？

有些糊涂肉麻的人，如《红楼梦》里的贾宝玉之流，有特种的爱红之癖，其余的色都被抹杀了，哪里赶得上？

然而在今日的世界，红似乎又带有危险性，有些人见了它就猜忌了。前不久的时候，报纸上不是曾载过，德国有一位青年，因用了红领带，而被处了六个星期的徒刑吗？

但是，我这里所要谈的，并不是这些喜红、爱红和疑红的人，而是另一种人，认不得红的人。

这一种人，对于红，一向是陌生的。

这一种人，见了红以为是绿，见了绿又以为是红。

这一种人，就叫作色盲。

色盲不是假装糊涂，而是生理上的一种缺憾。

这些话，色盲者听了或许能了然；不是色盲的人听了，反而有些不信任了，说是我在造谣。

因此我须从"色"字谈起。

色，这迷离恍惚、变幻莫测的东西，从来就有三种人最关心它。

物理学者关心它的来路、它的结构；生理学者关心它的现实、它和人眼的反应；心理学者关心它的去处、它对于心理上的影响。

虽然，还有化学者在研究色料的制造，诗人和美术家在欣赏、调和色的美感，政治家在用色来标榜他们的主义，市政交通当局在用色以表明危险与安全，等等。对于色，人们都想利用，都想揩油，于是色就走入歧路了。这些，我们不去细谈。

物理学者就说：色是由光的折射而成。光是从发光体送出来的一种波浪。这一波一浪也有长短，太长的我们看不见，太短的我们也看不见。

看不见的光，当然是没有色了，然而，它们仍在空气中横冲直撞，我们仍有间接的法子去发现它们的存在了。如紫外光、X光、死光之类。

名师批注

过渡——从古至今，红色仿佛都有着特殊含义，令人喜爱或是忌惮，但是有人却偏偏不认识红色。此句承上启下，吊足了胃口，留足了悬念！

读书笔记
你身边有没有这样的人？请采访一下他们的感受。

读书笔记
为什么不是色盲的人会认为这是在造谣？

看得见的光，就可以分析出各种色了。

大概，发光体所送出的光多不是单纯的光，内容很复杂，因而所反映出的色也就不止一种了。

满天闪闪烁烁的群星都是极庞大的发光体，而和我们最亲热的就是太阳了。

地球上一切的光，不，整个太阳系的光都是来自太阳。

电光、灯光、烛光，乃至小如萤火虫的光，更小如某种发光细菌的微光，也都是受了太阳之赐。

太阳的光线在穿过三棱镜时发生了偏折，就会现出一条美丽的色系，由大红，而金黄，而黄，而蓝，而绿，而靛青，而紫。红以上，紫以下，就因光波太长或太短的缘故，不得而见了。而且，这色系之间的演变，是渐变而不是突变，所以色与色之间的界线就没有理想的那样干脆了。

色之所以有多种，虽是因为光波的长短不齐，但其实也靠人眼怎样受用，怎样去辨识。没有人眼，色即是空；有人眼在，空即是色。这太阳的色系是一切色的泉源，普通的人眼都还认不清，何况所谓色盲的人。

生理学者花了好些工夫去研究人眼，又花了好些工夫研究人眼所能看见的色。他们说："人眼的构造和照相机相似，最里层有一片薄膜，叫作'视网膜'，那视网膜就好比是底片。一色至一切色的知觉都由这底片决定，又伏有视神经的支脉，可以直接通知大脑。"

色的知觉可分为两党：一党是无色，一党是有色。

读书笔记 ·············
为什么太阳会发光？

读书笔记 ·············
请自己准备一个三棱镜进行这个实验，观察颜色的变化。

名师批注
化用——有发光体，也要有辨识色彩的器官，才能看到世界中存在的颜色。

名师批注
类比——人眼与照相机的原理相似，人们通过认识眼睛，而发现了色彩的秘密。

无色之党，就是黑与白及中间的灰色。

有色之党，就是太阳色系中的各色，再加上各种混合的色，如橄榄色、褐色之类。

有色之党，又可分为两派：一派是正色，一派是杂色。

正色，就是基本的色，纯粹的色。有的人说只有三种；有的人说可有四种。说三种的，有人以为是红、黄、蓝；又有人以为是红、蓝、紫。说四种的，有人以为是红、绿、蓝、紫；也有人以为是红、黄、绿、蓝。

总之，不论怎样，有了这些正色之后，其余的色都可以配合混制而成了，因此，其余的色都叫作杂色。据说，世间的杂色，有 1000 种之多。

太阳、火焰、血的狂流，都是热烈的殷红。晴天的天、海洋的水，都是伟大的深蓝。大地上，不是一片青青的草、绿绿的叶，就是一片黄黄的沙、紫紫的石。这些不都是正色吗？傍晚和黎明的霓霞、花儿的瓣、鸟儿的羽、蝴蝶的翅、金鱼的鳞，乃至于化学药品展览室里一瓶一瓶新发明的染料，这些不都是杂色吗？

读书笔记 ·················
生活中还有哪些东西是正色的？

这些动人而又迷人、醒人而又醉人、交相辉煌而又争妍夺艳的种种的色，使我们的眉目都生动起来、活泼起来，然而外界的引诱力是因之而强化，于是我们有时又糊涂起来、迷惑起来了。我们的心房终于是不得安宁了，为的都是色。

名师批注
描写——这些丰富的色彩对于人的心理也有着非常大的影响。

这些话都是根据人眼的经验而谈。

然而，色，迷人的色，把它扫清吧！假使这世界是无色的世界，从白天到黑夜，从黑夜到白天，尽是黑与白与灰，这世界未免太冷落寂寞、清寒单调、无情无义了。

然而，世间就有这么一类的人，对于色是不认识了。大家看得见的色，他却看不见，或看得很模糊；大家看是红，他偏看出绿来；大家看是蓝，他偏看是白；大家看是黄，他看是暗灰色。

这一类人，有的是全色盲，对于一切色都看不见；有的是一色盲，只对某种色看不见；有的是半色盲，对于色都看得模模糊糊。最可怜的就是全色盲，他的世界完全是黑与白与灰，是无彩色的有声电影的世界。

这些事实，人们是不大容易发觉的。在这奔波逐浪、汹涌澎湃的人潮里，从哪一个时代，哪一位古人起，才有色盲，我们是没有法子去考据的，也许有好些读者从来没有听见过色盲这个名词，也许你们当中就有人是色盲，而连自己都还没有发觉。

科学界注意到这件事，是从 18 世纪末英国的化学家道尔顿起。这位科学先生就是色盲，他是"认不得红色"的色盲中的一员。

认不得红色是有危险啊！后来的生理学者、心理学者，都渐渐注意了。他们说，水路、陆路的交通都是以红色作危险的记号；轮船、火车上的司机，若是红色盲，岂不危险吗？十字大街上的红绿灯，岂不是指挥不动这些色盲的路人了吗？于是，这个问题就为市政和交通当局所重视了。

色盲虽不是普遍的现象，但也到处都有，尤以男

名师批注

排比——对于颜色的认知，会有一些人出现某些方面的缺陷，但这不是缺点，只是与我们的不同而已。

读书笔记 ⋯⋯⋯⋯

你有没有什么好办法来分辨自己是不是色盲呢？

子为多。据说，男子每百人中，色盲者有三四人；女子每千人中，色盲者有一至十人。

不过，完全色盲的人很少很少，最常见的还是红色盲，其次还有绿盲、紫盲、蓝盲、黄盲，如此之类的色盲。

这些色盲，都是对于某一种正色的朦胧、不认识，对于杂色更是糊涂得弄不清了。

然而，患有红盲的人，听了人家说红就去揣度，他自有他的间接法子、他的自定标准，去认识红、解释红，所以人家说红，他也不去否认。面对这样的人，我们要侦察他的实情，是真红盲，还是假红盲，就得用红的种种混合色、杂色，请他来比较一下，他的内幕就容易被揭穿了。

医生检查色盲的种种手段，就是按照这个道理。

声——爆竹声中话耳鼓

在首都，旧历新年的爆竹声已不如从前那样通宵达旦，迅雷急雨般地齐鸣了。不知被什么风吹走，今年的爆竹声虽仍是东止西起、南停北响，但要停了好一会儿才接着响下去，无精打采地，既像疏疏的几点雨声，又像檐下的滴漏，等了许久，才滴上一滴。

在这国难非常严重的年头，凡带点儿强为庆贺、强为欢笑之意的声调，本来就不顺耳，索性大放鞭炮，热闹一番，倒也可以稍稍振起民气；现在只有这不痛不痒的疏疏几声，意在敷衍点缀新年而了事，听了更加让人不耐烦了。但不耐烦，又有什么法子呢？

色、声、香、味、触，这五种感觉，只有声是防不胜防的，一时逃不出它的势力范围。声音一发，听不听不由你，这责任一半在于声音的性质，一半在于耳朵的构造。

声音是什么呢？

声音是一种波浪，因此又叫作音波。这音波在空气中游行，空气的分子受了振荡会一直向前冲，中间经过无数次的分散而凝集，凝集而又分散的过程。

读书笔记 •·················
请用自己的话说一说：声音是什么？

音波是由发音体发出来的，起先一定是发音体先受了振荡，然后是两个坚实的物体互相抨击就可以成音。这音波是一波未平，一波又起的，而每一波的长度都不相等，有时相差很多。

名师批注
列数字——音波的波长范围比较广，最长与最短的音波之间差距不小。

大多数合于音乐的音波，我们常人的耳朵是听得到的，它的波长，最长的不过在 12 ～ 21 米之间，最短的只在 25 毫米之内。

这些音波在空气中的飞行速度极快，平均每秒钟能行 33 ～ 36 米，但也要看所穿过的空气的寒暖程度如何。

不论怎样，这些合于音乐的音波是有规则的、有韵节的。

读书笔记 •·················
日常生活中，你听到过哪些令人讨厌的音波？

不合于音乐的音波，就乱七八糟没有一点儿规律和韵节，所以听了就讨厌。

在从前，新年的爆竹声，家家户户合奏得像一阵一阵的交响曲，使人非常高兴。今年的爆竹声，受了当局"不彻底"的禁止，受了民间不景气的潮流的影响，忽而发出三四声，短而促，真是让人不痛快而又讨厌。

这不协调的声音，叫我感到不耐烦。

耳朵的结构是怎样呢？

在我们的头颅上，两旁像两扇翅膀似的耳翼，是收集音波的机器。有的动物的耳翼还会听着大脑的指挥而活动，然而它们的价值也只是加强了声音的浓度和辨别音波的来向罢了。

不谙生理学的中国人，尤其是星相家之流的人，太看重这两扇耳翼，以为耳的宝贵尽在这里，而且还拿它们的大小作为富贵和寿命的标准。如老子耳长七寸，便以为寿；刘先主目能自顾其耳，便以为贵之类的传说。

其实，若不伤及耳鼓，就是割去两扇耳翼也还听得见，不过听到的声音会变得特别一点儿罢了。这两扇露在外面的耳翼，有什么了不得的呢？

围着耳翼里面那一条黑暗的"小弄"，叫作耳道。耳道的终点是一个圆膜的壁，叫作耳鼓。这耳鼓才是直接接收音波，传达音波的器官。这一片薄薄的耳鼓膜厚不及 1/10 毫米，却也分作三层：外层是一层皮肤似的东西，内层是一层黏膜，中间是一层"接连组织"；它的形状有点儿像一个浅浅的漏斗，而那凸起的尖端，却不在正中央，略略地偏于下面。这样带一点儿倾斜的不相称的形状，能敏锐地感到音波的威胁而振动；音波的威胁一消失，耳鼓的振动也就停止了，所以耳鼓若是完好的，那外来的声音听得就会干脆而清晰了。

紧靠在耳鼓膜的里面有三颗耳骨：一是锤骨，一是砧骨，一是镫骨，各因其形而得名。这三颗耳骨的另一面靠着另一层薄膜，叫作耳窗，又名前庭窗。

这些耳骨是我们人身上最轻且最小的骨。它们的构造是极尽天工的巧妙，只需小小一点儿音波打着耳鼓就可以使它们全部振动，那音波便被送进内耳里面去了。

内耳里面是伏有听神经的支脉，叫作耳蜗神经。那耳蜗神经的细胞非常灵便，不论多么细微的声音，它们都能接收而传达于大脑。

现在像爆竹这般大而响的声音，我们哪里能逃避不听呢！就是掩着两扇耳翼，只要空气的分子受了振荡，就总能传进耳鼓里面去。

不过，这也有一个限制，空气无刻不受着振荡，有的振荡的速率是太快或太慢，传到我们的耳鼓上面时就不能称其为声音了。

一般人所能听到的声音，极低微的振动频率，大约是在每秒钟 24 至 30 次之间，有的人，就是低至每秒钟 16 次的振动频率的音波也能听见；而我们听到的最高的振动频率，要在每秒钟 4 万次以内，才听得见。

在这里又要看各个人耳朵的敏锐程度如何了。聋子就不用说了，有的人虽然没有到聋子的地步，然而对好些尖锐的声音，如虫鸟的叫鸣，就听不见。

爆竹声的振动频率不太高也不太低，只要距离得不太远，是谁都能听见的！

现在我们国家管事的人对于敌人的侵略，好像虫声、鸟声一般唧唧地在那里秘密讨论。但它的振动频率太低了，我们民众很难听得见。而汉奸及卖国者之流，又似乎放了疏疏几声的爆竹以欢迎敌兵，闹得全世界都听见了，真是出丑，更令我们不耐烦了。然而又有什么法子呢？

读书笔记 ……………
生活中有哪些人的听觉是有些许不同的？请举个例子具体说一说。

读书笔记 ……………
你有什么好办法让民众听到管事的人的声音吗？

香——谈气味

气味在人间，除了香与臭两小类之外，似乎还有第三种——香臭相混的杂味。

植物香多臭少，动物臭多香少，矿物除了硫、硒、碲三者之外，又似乎没有什么气味了。

这些话是就鼻子的经验所得而谈的。

香是鼻子所欢迎，臭是鼻子所拒绝，香臭不甚明了的第三种味，也就马马虎虎地让它飘飘然飞过去了。

鼻子是两头通的，所以不但外界冲进来的气味瞒不过它，就是口里吞进去的，或胃里呕出来的东西的气味，它也知道。

有时鼻子被塞住了，如得了伤风及鼻炎之类的疾病，就是尝了美酒香果，也是没有平日那么可口了。所以才有"捏着鼻子吃药，药就不大苦"的说法。

气味到底是什么东西组成的，而有这样的轻贵呢？是不是也和光波、音波一样，也在空气中颤动呢？果然，从前有人以为气味的游行也像波浪似的，一波未平，一波又起，而今这种观念却被打破了。

现代的生理学者都以为气味是从各种物体发出来的细粉而来的。这细粉大约是属于气体，在发出之后就渐散渐远，渐远渐稀，终于稀散到乌有之乡去了。

但若在半途遇到了鼻子，就会飘进了鼻房里面，在顶壁下和嗅神经细胞接触，不论气味是香是臭或香臭相混，大脑顷刻就知道了。

据说，同属一类的有机化合物，结构愈复杂，气味也愈浓。这样看来，气味这东西，似乎又属于化学结构上"原子量"的一种作用了。

名师批注

背景介绍——除了人们熟知的香与臭之外，竟然还有香臭相混的气味，让人不禁好奇，激发读者阅读兴趣，引出下文。

读书笔记

用自己的话说一说其中的原理。

名师批注

说明——气味是由细粉而来，也会逐渐传播，而最终消失，这是符合我们日常生活的认知的。

因此，要把世间的气味一一分门别类起来，那便不如起初料想的那样简单了。

于是我想鼻子真是一个极灵巧的器官，无论什么气味，多么细微，多么复杂，它都能分辨出来。

鼻子在所有感觉当中，资格算是最老的了。

然而文明愈进步，鼻子就愈不灵；生物的进化程度愈高，鼻子的感觉也愈坏。

野蛮民族，如美洲红人、原始人之类，他们的鼻子都比现代人灵得多。他们常以鼻子侦察敌人、审查毒物，从而使自己脱离危险。

狗的鼻子是著名的敏锐了，无论地上留有多么细微的气味，它都能追寻到原主。然而，它也只认为熟人的气味才是好气味，如果是生人，即使你满身都是香的，它也要对你狂吠几声，因为你不是它的圈子以内的人。

昆虫的嗅觉似乎也很灵，不然房子里一放了食物，蟑螂、蚂蚁之类的虫儿，怎么就知道出来游历、考察呢？

对气味的感觉，也是当局者迷，外来者清。鼻子有时容易疲倦，它也只有几分钟的热心。所以古人说："入鲍鱼之肆，久而不闻其臭；入芝兰之室，久而不闻其香。"从生理学上看来，这句老话倒也不错。很多人总不觉得自己屋子里有臭味，但只要一到外头去跑跑，回来就知道臭了。

气味有时也会倚强欺弱，一味为一味所压迫、所遮蔽、所中和。所以两味混在一起，我们有时只闻见这味，而闻不到那味，如尸体一经石炭酸的洗浸之

读书笔记 •⋯⋯⋯⋯
为什么会出现这样的现象呢？

名师批注
对比——不同生物对于气味的认知与人类是有区别的，各类生物各有一套自己的法则。

读书笔记 •⋯⋯⋯⋯
生活中你有没有过这样的经历？请简要分享一下。

名师批注
拟人——将气味拟人化，以幽默风趣的语言说明了气味之间也会有强弱之分，并且较强的气味会压制较弱的气味。

后，就只有石炭酸的气味了。

因此，人们常用以香攻臭的战术来消灭一切不愿闻的气味，而这种巧妙的战术大大地被有钱的妇女所利用了，这也是香粉、香水之类化妆品受欢迎的原因之一吧！

肉的气味对大家来说都是一样，本来没有什么难闻，然而不幸有的人常常发出特种的气味，就不得不借香粉、香水之力以遮蔽了；还有人竟大施其香粉政策以取媚于其腻友，或在社交上博得好声誉。

然而，香粉、香水之类的东西就像蜂采蜜一般，是从花瓣、花蕊里面采榨出来的，所以不是肉的本味，而是偷来的气味，似乎有些假。

因此我还有一首打油诗送给偷香的贵人们：

窃了花香做肉香，
花香一散肉香亡，
剩下油皮和汗汁，
还君一个臭皮囊。

名师批注

托物言志——作者写偷香的人，对他们充满了讽刺，认为偷香是十分虚伪的行为。

据说，气味这东西与心理还有些联系，所以就有了讨厌这个人也讨厌这个人的味，喜欢另一个人也喜欢那个人的味的说法，这是常有的事。

气味这东西真是太不可思议了。

在这个年头，气味有时使我们气闷，让我们掩了鼻子不是，不掩鼻子又不是；掩了鼻子又有不亲善的嫌疑，不掩鼻子又会有人说你的鼻子麻木了、不中用了。

社会上有许多事是臭而又臭,绝没有一些香气,也不是第三种的杂味可以将它覆盖的,真是左右难以做人啊!

味——说吃苦

国内有汉奸,国外有强敌;爱国受压迫,救国遭禁止。在这个年头,我们国民有说不出的苦,有说不尽的苦,这苦真要吃不消了。

在这个苦闷的年头,不得不让我想起春秋战国时代那一位报仇雪耻、收复失地的国君——越王勾践。

当时越国被吴国侵略几至于灭亡,勾践气得要命,他弃温软的玉床锦被不睡,而躺在那冷冰冰的、硬生生的、二三十根树枝和柴头搭成的柴床上,皱着眉头,咬着牙关,在那里千思万想,怎样救亡,怎样雪耻。

勾践想得不可开交的时候,会伸手取下壁上所挂的那一双黑黄色的胆,放在口里尝一尝。不知道是猪胆还是牛胆,大约总有一点儿很难尝的苦味。

这种卧薪尝胆、不忘国难国耻的精神,真是千古不能磨灭。现在我们民族已到了生死存亡的关头,正是我们举国上下共同吃苦奋斗的时期,这个越王勾践发奋有为、救亡图存的史实,不应看作老生常谈,实当奉为民族复兴的警钟,有再提、重提的必要。

卧薪尝胆,是要尝目前的苦味,纪念过去的耻辱,努力自救,既以免生将来更大的惨变,复可争回民族固有的健康。

但,对于苦味的意义,我们都还没有一番深切的了解。

为什么尝一尝胆的苦味，就会影响国家的危弱呢？

这是因为胆的苦味触动了舌头上的神经，那神经立刻通知大脑，大脑顿时受到了苦的威胁，由小苦而联想到大苦，由小怨而联想到大怨，由一身的不快而联想到一国的大恨，由局部的受侵害而唤醒全民族的力量。一个胆的苦味虽小，但如果我们民众个个都抱着尝胆的决心，那力量是不可侮的。

大脑分派出的"感觉神经"在舌头的皮肉下四面埋伏着。那些神经的最前线叫作"味蕾"，是侦察味觉消息的前哨，味蕾的外层有好几个扁扁平平的普通细胞，内层则由 6 个或 8 个有特种职务的细胞，叫作"味细胞"所构成。味蕾不是舌头上处处都有，有的地方单有一个孤独的味细胞散在那里，但也能知味了，所以味蕾好比一队一队的武装警士，味细胞就好比是单身的便衣侦探。从口里来往的客货，通通要经过它们的检查盘问。

运到口里的客货，大部分都是食品，那些食品当中有好有坏，有美有丑，一经味蕾审查，没有不被发觉的。虽然，这也不一定十分靠得住，有时，无味而有毒的物品也可以混过去，何况有美味的食品不一定就没有毒，更何况有毒的食品也可以用甜美的香料来装饰，就如我们中国的敌人，一面步步尺尺侵略，一面还要口口声声亲善。倒是胆的味虽苦却无毒，可以时时刻刻提醒我们雪耻并再接再厉地奋斗。

味的发生，是有味物品和味细胞的胞浆直接接触

名师批注
议论——集体的力量是非常伟大的，人民想要拯救国家，拯救自己，就必须团结起来！

名师批注
比喻——味蕾与味细胞在品尝味道的过程中扮演着不同的角色，起着不同的作用，两者有时缺一不可。

名师批注
类比——味蕾有时会遭到食物的欺骗，而社会中也不乏这样的现象，外来入侵者就如同这些善于伪装的食物一般，一副虚伪丑恶的嘴脸。

的结果。

然而，干的物品放在干的舌头上面是没有味的，所以要发生味的感觉，那物品一定要先变成流体，或受口津的浸润、溶化。这就像民众的爱国观念，需先受民族精神的训练、国际知识的灌溉；没有训练，没有知识的民众，只堪做他人的奴隶、牛马，而不自觉。

读书笔记 •···············
此处类比给了你怎样的启示？

味并不是物品所固有，也不是哪种物品的化学结构上的一种特性。

味是味细胞的特有情绪，特具感觉，受外物的压迫而发动。

蔗糖、饴糖和糖精，这三种物品在化学结构上大不相同，而它们的味却都是甜甜的，糖精的甜味是蔗糖的 500 倍。

但是，淀粉是与蔗糖一类的东西，反而白白净净，一些味儿都没有。

味又不一定要和外来的物品接触而发生，自家的血液若起了特殊的变化也会和味发生关系。

糖尿病的人，因为血里面的糖太多，有时，整天都觉得舌头是甜甜的。

读书笔记 •···············
在你生病的时候，有没有发现自己味觉的变化？

黄疸病的人，因为胆汁无限制地流入血中，因此，成天地舌底卧面都觉得是苦苦的。

有的生理学者说，这些手续、这些枝节，都不是绝对必要的，用电流来刺激味的神经也会发生味的变化：用阳极的电来刺激，就发生酸味；用阴极的电刺激，就发生苦味。

总之，味的感觉，是味细胞潜伏着的特性，不去触动它是不会发作的。

在这一点，味仿佛似一般民众的情绪。不论是国内的汉奸或本地的土劣，不论是哪里冲来的敌人，东洋还是西洋，谁叫我们大众吃苦头，谁就激起了大众的公愤，一律要反抗，一律要打倒。

生理学家又说，味的感觉虽有种种色色，大半不相同，但基本的味、单纯的味，只有四种。

哪四种？

一种是糖一般的甜，一种是醋一般的酸，一种是盐一般的咸，一种是胆一般的苦。

这四种，再加上香、臭、腥、辣、冷、热、油滑或粗糙，味的变化可就无穷了。这些附加的感觉都不是味，而味的本身却为其所影响，而变成混杂的感觉。

所以，我们若塞着鼻子吃东西，许多杂味都可以消除，因为许多杂味都是鼻子的感觉，不是我们舌头真正的感觉。

孔子在齐国听到了韶乐，有三个月的光阴，不知道肉是什么味，这是听乐而忘味，并不是舌头的神经麻木了。舌头的神经万一麻木，就如舆论不自由，是顶苦的苦情啊！

纯甜、纯酸、纯咸、纯苦，这四种单纯的味在舌头上各有各的势力范围和地盘。舌尖属甜，舌底属咸，舌的两旁属酸，舌根属苦。

生理学者就依它们的地盘，测验了这四味发生时所需要的刺激力的最小限度。

实验的结果是，每 100 立方毫米的清水里面：

盐，只需放 0.25 克，就觉着咸；

糖，只需放 0.50 克，就觉着甜；

盐酸，只需放 0.007 克，就觉着酸；

鸡纳，只需放 0.00005 克，就觉着苦。

可见我们对于苦有极大的感觉，只需极轻微的苦味，我们的舌根就能发觉了。

真的，我们要知苦，还用不着尝胆呢。

这年头是苦年头，苦上加苦，身家的苦加上民族的苦。

苦是苦到头了，现在所需要的是对于苦的意义的认识。要解除苦的羁绊，还是靠我们吃苦的大众抱着不怕苦的精神，团结起来，努力向前干。

触——清洁的标准

人是什么造成的呢？

生理学家说："人是由血、肉、骨和神经等各种细胞组织而成。"

化学家说："人是由碳水化合物、蛋白质、脂肪等配制而成。"更简单点儿地说，人是糖、盐、油及水的混合物。

先生、太太、娘姨、车夫、小姐、少爷、女工，不论是哪一种人，哪一流人，在科学家眼里都是一样耐人寻味的活动试验品，一个个都是科学的"玩具"。

说到玩具，我记起昨天在一位朋友家里，看见了一个泥美人，这个美人虽是泥造的，但眉目如生，逼煞真人，也许比我所看见过的真的美人还美一分。泥美人与真美人不同的地方：一是没有生命的泥土，一是有生命的血肉。然而表面的一层皮都是一样的好看，鲜艳可爱。

记得不久之前，我到"新光"去看《桃花扇》，结束后从戏院里飘出来了一位装束时髦的贵妇人，洋车夫争先恐后地抢上去拉生意。那贵妇人轻竖娥眉，装出不耐烦而讨厌的样子，"呸"了一声，急急地和他后面的一个西装革履的男子跳上汽车走了。我想，那贵妇人为什么这样讨厌洋车夫呢？恐怕都是外面这一层皮的颜色和气味不同的缘故吧，可里面的血肉是一样的啊！

同是血肉，不幸而为洋车夫，整天奔跑，挣那一点儿钱，买几块烧饼吃，还要养家，哪里有闲工夫天天洗澡，有闲钱买扑身粉，以至汗流污积、臭味远播，使一般贵妇人见而急避。

同是血肉，何幸而为贵妇人，一天玩到晚，消耗丈夫的腰包，涂脂搽粉，香闻十里，使洋车夫敢望而不敢近。

现在让我们细察皮肤的结构，看上面到底有些什么。

皮肤的外层是由无数鱼鳞式的细胞所组成，这些皮肤细胞时时刻刻都在死亡。同时，皮肤的内层有脂肪腺，时时都在出油；有汗腺，时时出汗。这些死细胞、油、汗，与外界飞来的灰尘相拌便是细菌最妙的食品，于是细菌远近来归，聚集于皮肤毛孔之间，大吃特吃。

这些细菌里面，最常见的为"白葡萄球菌"，占总量的 90%，每个人的皮肤上都有它的身影，这种细菌虽寄食于人而无害于人，但它的气味却有一点儿寒酸。

其次为"黄葡萄球菌"，占 5%。这种细菌可厉

名师批注

神态描写——贵妇人对拉洋车的车夫十分不屑，这就是以貌取人了。

名师批注

说明——皮肤是由不同部分组成的，每一部分都在发挥着它的作用。

名师批注

拟人——将黄葡萄球菌拟人化，它进入人体的过程如同一场战役，总是处于与白血球的战斗之中。

害了，它不甘于总吃皮肤上的污垢，想要侵入皮肤内层，去吃淋巴，没想到被微血管里的白血球看见了，双方一碰头就打起仗来。于是那人的皮肤上就生出疖子，疖子里面有白色的脓液，脓液就是白血球和黄葡萄球菌混战的结果。

其他普通的细菌，如大肠杆菌、变形杆菌及白喉类杆菌，有时也会在皮肤上发现，但是皮肤不是它们的用武之地，不过偶尔来到这里游历而已。

皮肤走了霉运，一旦遇到了凶恶狠毒的病菌，如丹毒链球菌、麻风杆菌、淋球菌之类，那就有极大的危险，不是寻常的事了。

我们既不能停止皮肤流汗、出油，又不能避免它和外界接触，所以唯一安全的办法就是天天洗澡。然而，天天洗还是天天脏，细胞还会天天死，细菌还要天天来，何况在夏天，那些不能常洗之人，如洋车夫、小工人等，真是苦了一般体力劳动者了。

虽然，整天在烈日下奔走劳作的劳动者袒胸露臂，光着两腿，但日光就是他们的保障。日光可以杀菌，他们无时不在日光中沐浴，而且劳动不息，肌肉活泼，血液流通，皮肤坚实，抵抗力甚强，他们是天然的健康美。细菌只吃其汗，而不敢吃其血，所以他们身上汗的气味虽浓，皮肤病则不多见。

摩登妇女天天洗濯，搽了多少粉，喷了多少香，蔻丹胭脂，无所不施，然而她能拒绝细菌不时地吻抱吗？而且细菌顶喜欢白嫩而柔弱的肉皮，谓其易于进攻也。于是，达官贵人的太太、小姐乃至于姨太太，等等，春天头痛，秋天心悸，冬天发烧，夏天发冷。

名师批注

叙述——娇生惯养的贵人们却往往最容易生病，这就是物极必反吧！

这样看来，同是肉皮，何必争贵贱，难道这一层薄薄的皮肤，涂上一些色彩，便算得上健康和清洁的标准吗？

我们再去观察鼻孔、咽喉、口腔以及胃肠各部的清洁程度。

鼻孔的门户永远开放，整日整夜在那里吸纳世界上的灰尘，虽经你洗了又洗，洗去了一丝丝的鼻涕，一下子，灰尘携着成千成万的细菌又回来了。在北平，大风一刮，走沙飞尘，这两个鼻孔更像两间堆煤栈，犹幸鼻毛是天然的滤斗，把细菌灰尘都挡驾了。这些来拜访的小客人多半是白喉类杆菌和白葡萄球菌，有时来势凶猛，挡不住，就让它们冲进去，到了咽喉。

咽喉是入肺的孔道，平时四面都伏有各种细菌，如八叠球菌、绿链球菌及阴性格兰氏球菌之类。咽喉要是把守不紧，肺就危险了。

口腔虽开关自主，而一日三餐、说话之间，危机四伏；睡眠之时，张开大口尤为危险。从口腔，经胃肠，至肛门，这条大道自婴儿呱呱坠地以来，即辟为"食品商埠"，更进而为细菌"殖民地"。细菌们扶老携幼，移民来此者摩肩接踵，形形色色，不胜枚举，其中以寄居于大肠里面的"大肠杆菌"最为著名，足迹遍布人类的大肠。

这些熙熙攘攘的细菌为摩登妇人所看不见、洗不净，不得不施以香粉，喷以香水，以掩其臭，这是车夫工人与达官贵人的共同点。车夫之肠固无二于贵人之肠，车夫之屎不加臭，贵人之屁不加香。

然而贵人之食过于精美又不劳动而造成胃弱肠痛之病，车夫粗食，其胃甚强。这点贵人又不如车夫了。

贵人、贵妇人等，只讲面子，讲表皮上的漂亮、香甜，而内在的坚实、纯洁却让予车夫、工人了。

细菌的衣食住行

衣食住行是人生的四件大事，一件都不能缺少。不但人类如此，就是其他生物也何曾能缺少一件，不过没有人类这样讲究罢了。

细菌是极微极小的生物，是生物中的小宝宝。这位小宝宝穿的是什么？吃的是什么？住在哪里？怎样行动？我们倒要见识一下。

好哇，请细菌出来给我们看一看哪！

不行，细菌是肉眼看不见的东西，它比我们的眼珠还小了 2 万倍呀。幸亏 260 年前荷兰有一位看门老头子叫作列文虎克的先生把它发现出来。列文虎克先生一生的嗜好就是磨镜头，在他屋子里存着好几百架自制的显微镜，他天天在镜头下观察各种微小东西的形状。有一天他研究自己的齿垢，忽然看见好些微小的生物在唾液中游来游去，好像鱼在大海中游泳一般。这些微小的生物就是我们现在所要介绍的细菌。自从发现细菌以后，经过许多科学家辛辛苦苦的研究，现在我们已渐渐知道它的私生活情况了，但是大众对于细菌不过偶尔闻其名而已，很少有见面的机会，至于它的衣食住行，更莫名其妙了。

我们起初以为细菌实行裸体运动，一丝不挂，后来一经详细观察，才知道它们个个都穿着一层薄薄的衣服，科学上的名词叫作"荚膜"。这种衣服是蜡制的，要把它染成紫色或红色才看得清楚。细菌顶怕热，若将它们抹在玻璃片上放在热气上烘，顷刻间这层蜡衣都将化走，露出它们娇嫩的肤体。它们又很爱体面，当它们来到人类或动物的体内游历，或在牛奶瓶中盘桓之时，穿得格外整齐，这层蜡衣显得格外分明。

细菌的种族很多，其中以"荚膜杆菌""结核杆菌"及"肺炎球菌"三族衣服穿得特别讲究，特别厚，特别容易为我们所认识。

细菌的食最为奇特而复杂，我们若将它详详细细地分析一下，可以写成一部食经。在这里不便将它的全部秘密泄露，只略选其大概而已。细菌是贪吃的小孩子，它们一见了可吃的东西便抢着吃，吃个不休，非吃得精光不可。但它们也有吃荤绝对不吃素的，也有吃素绝对不吃荤的，所以有动物病菌与植物病菌之分。

大多数的细菌都是荤素兼吃的。有的细菌荤素都不吃而去吃空气中的氮，或无机化合物如硝酸盐、亚硝酸盐、阿摩尼亚、一氧化碳之类。此外，还有吃铁的铁菌和吃硫黄的硫菌。更有专吃死肉不吃活肉的腐菌和专吃活肉不吃死肉的病菌。麻风的病菌只吃人及猴子的肉，不肯吃别的东西，平常住在水里或土壤里的细菌，到了人或动物的身上就要饿死。然而结核杆菌及鼠疫杆菌等这些穷凶极恶的病菌就很调皮，它们在离开人体到了外界之后又能暂吃别的东西以维持生活。

读书笔记
请从拟人修辞的角度赏析这句话。

读书笔记
你有没有运用显微镜见到过这些细菌？

名师批注
比喻——将细菌比作小孩子，写出了它见到食物不吃完不罢休的特点，似乎还透露出一种可爱。

名师批注

排比——细菌如同挑食的小孩，食物必须要对自己的胃口才能进食，这一点与人类是相通的。

在吃的方面，细菌还有一种和人类差不多的脾气，我们不可不知道的，就是太酸的不吃，太咸的不吃，太干的不吃，太淡而无味的也不吃，大凡合人类的胃口的也就合它们的胃口。所以人类正吃得有味的东西，想不到它们也在那里不露声色地偷着吃。

细菌的住是和食连在一起的，吃到哪里就住到哪里，在哪里住就吃哪里的东西，它们吃的范围是这样广大，它们住的区域也就无止境了。而且它们在不吃的时候也可以随风飘游，它们的子孙便散布于全地球了（别的星球有没有我们还没有法子知道。从前德国有一位科学家特意地坐气球上升到天空去拜访空中的细菌，他发现离地面 4000 米之高还有好些细菌在那里徘徊）。大部分的细菌都是以土壤为归宿，而以粪土中所住的细菌为最多，大约每 1 克重的粪土住有 1.15 亿个细菌。由土壤而入于水，便以水为家，到了人及动植物身上，便以人及动植物的身体为家。还有一种细菌叫作"爱热菌"，在温泉里也可以过活。

读书笔记

为什么粪土中的细菌会是最多的？

名师批注

列数字——不同细菌的行进速度不同，于细菌极小的身体而言，它们的进行速度可谓极其之快。

好多种细菌身上都有一根或多根活泼而轻松的鞭毛。这鞭毛舞动起来，它们便可在水中飞奔，伤寒杆菌能于 1 小时之内渡过 4 毫米长的路程，这一点儿路在细菌看来实在远得很，因为它们的身长尚不及 2 微米，而 4 毫米却是 2 微米的 2000 倍。霍乱弧菌飞奔得更快，它们可于 1 小时之内渡过 18 厘米长的路程，比它们的身体长 9 万倍，别的生物都不能跑得这样快。然而细菌若专靠它们自己的鞭毛游动毕竟走得不远。它们是喜欢旅行，喜欢搬家的，于是不得不利用别的法子。它们看见苍蝇附在马尾上还能日行千里，老鼠伏在船舱里犹能从欧洲搬到亚洲，它们何不就附在苍蝇和老鼠身上，这样不是也可以游历天下吗？于是蚊子苍蝇就成为了它们的飞机，臭虫跳蚤就成为了它们的火车，鱼蟹蚝蛤就成为了它们的轮船，它们便自由自在地到处观光。不仅如此，它们还会骑人，在这个人身上骑一下又跳到另外一个人身上骑一下。你看，在电车上，在戏院里，在一切公共的场所，这个人吐了一口痰，那个人说话口沫四溅，这都是它们旅行的好机会呀。

名师批注

比喻——细菌会借助其他生物的帮助来传播，所以我们也要小心这些生物。

读书笔记

在公共场所我们可以怎么做来减少细菌的传播？

细菌的大菜馆

在希腊神话中，奥林匹斯山上一切天神都是因人而设，如爱神司爱，战神司战，谷神司食，因为人而创出许多神来。我们古老国家的一切山神、土地、灶君、城隍也都是替人掌管，为人而虚设其位。

这些言论都含有一种自大性的表现，自以为人类是天之骄子，地球上的主人翁。

达尔文《物种起源》的出版，就给这种自大的观念迎头一个痛击。他用种种科学的事实，说明了人类的祖先是猴儿，猴儿的祖宗又是阿米巴（变形虫），一切的动物都是远亲近戚。这样一说，人类又有什么特别贵重呢？人类不过是靠一点儿小聪明，得到一些小遗产，走了小运，做了生物的官，刮了地球的皮，屠杀动物，砍折植物，发掘矿物，以饱自己的肚皮，供自己的享乐，乃复造出种种邪说，自称为万物之灵。

布伦费尔先生，美国的一位先进的细菌学家，正在约翰·霍普金斯大学医院实验室里，穿着白衣，坐

名师批注

描写——人类并没有什么比其他生物高贵的地方，但是人类常常以高贵者自居，在地球上作威作福，实在可笑。

在黑漆圆凳子上，俯着头细看显微镜下的某种大肠杆菌，忽然听见我讲到"饱自己的肚皮"一句，不禁失声大笑，没有转过头来，接着就说，还带有一半不承认我的话的口气："饱谁的肚皮呀？恐怕不仅饱人类自己的肚皮吧？你就没想到人类的肚子里还有长期的食客，短期的食客，来来往往临时的食客呀？一个个两条腿走来走去的动物，还是细菌的游行大菜馆哪。"

我本来处于孤立无援的地位，硬着胆说了前面的一番话，已预计会被听众包围问难，被他这一问，倒惊退一步。但他不等我回答，又站起来，回过身倚在实验桌旁，接着侃侃而谈：

"不仅人类的肚皮是细菌的菜馆，狮虎熊象、牛羊犬鼠、燕雁鸦雀、龟蛇鱼虾、蛤蚌蜗螺、蜂蚁蚊蝇，乃至于蚯蚓蛔虫，举凡一切有脊椎和无脊椎的动物，只须有一个可吃的肚皮或食管，都是细菌的大小菜馆、酒店。不但如此，鼻孔喉咙还是细菌的咖啡馆，皮肤毛管还是细菌的小食摊，而地球上一沟一尘，一瓢一勺，莫不是它们乘风纳凉饮冰喝茶之所。细菌虽小，所占地盘之大，子孙之多，繁殖之速，食物之繁，无微弗至，无孔不入，诚人类所不敢望其肩膊。所以这世界的主人翁，生物的首席，与其让人类窃称，不如推举细菌。"

他说到这里顿了一顿，我赶紧含笑插进去说："然则弱小细微的东西从今可以自豪了。你的话一点儿都不错。强者大者不必自鸣得意，弱者小者毋庸垂头丧气。大的生物如恐龙巨象，因为自然界供养不起，早已绝种。现在以鲸鱼为最大，而大海之中不常见。老

名师批注

比喻——将人类比作细菌的大菜馆，可见人类剥削地球时，细菌也依赖着人类而生存。

读书笔记
请从比喻的角度赏析这一语句。

名师批注

议论——体形的大小并不代表什么，每种生物在自然界都有着自己的作用，不应妄自菲薄。

虎居深山中，奔波终日，不得一饱，看见丛林里一只肥鹿，喜之不胜，不料又被它逃走了。蚂蚁虽小，而能分工合作，昼夜辛勤，所获食料，可供冬日之需。生物愈小，得食愈易。我不要再拖长了。现在就请布伦费尔先生给我们讲一点儿细菌大菜馆的情形吧！"

布伦费尔先生是研究人类肚子里的细菌的专家，他深知其中的奥妙。

于是这位穿白衣的科学先生又开口了。这一次，他提高嗓门，用庄严而略带幽默的态度说："我们这一所细菌大菜馆，一开前门便是切菜间，壁上有自来水，长流不息，菜刀上下，石磨两列，排成半圆形，还有一个粉红色活动的地板。后面有一条长长的甬道，直达厨房。厨房是一只大油锅，可以放缩，里面自然发散一种强烈的酸汁，一种神秘的酵汁。厨房的后面，先有小食堂，后有大食堂，曲曲弯弯，千回百转，小食堂备有咖喱似的黄汁，以及其他油哇醋哇，一应俱全。大食堂的设备，较为粗简，然而客座极多，可容无数万细菌，有后门，直通垃圾桶。

"形形色色的菌客菌主菌亲菌友，有的挺着胸膛，有的弯腰曲背，有的圆脸涂脂搽粉，有的大腹便便，有的留个辫子，有的满面胡须，或摇摇摆摆，或一步一跳，或匍匐而入，或昂然直入。有的从前门，有的从后门。

"从前门而入者，多留在切菜间，偷吃菜根肉余齿垢皮屑。然而常为自来水所冲洗，立脚不定。不然，若吃得过火，连墙壁、地板、刀柄都要吃，于是乎人就有口肿、舌烂、牙痛之病了。

读书笔记 •·············
请结合我们的身体构造说一说：这所细菌大菜馆的设备一一对应的是人类身体的哪些部位？

名师批注

排比——进入人体的细菌形态多种多样，都有着自身显著的特点。

读书笔记····················
你是否记住了这些
细菌的怪姓呢？请
背一背。

读书笔记····················
你知道为什么婴儿
呱呱坠地时体内没
有细菌吗？

"这一群食客里面，最常来光顾的有六大族。二为圆脸的'小球菌'，二为像葡萄的'葡萄球菌'，三为珠脸的'链球菌'，四为硬挺挺的'阳性革兰氏杆菌'，五为肥硕的'阴性革兰氏杆菌'，六为弯腰曲背的'螺旋菌'，这些怪姓，经过一次的介绍，恐你们仍记得不清啊。

"在刷牙漱口的时候，这些无赖的客人，一时惊散，但门虽设而常开，它们又不请自来了。

"婴儿呱呱坠地的一刹那，这所新菜馆是冷清清的，无声无息。但一见了空气，一经洗涤，细菌闻到腥秽的气味，就争先恐后，一个个从后门跟跄而入。假如将婴儿的肛门消毒，再用一条无菌的浴巾封好，则可经 20 小时之久，一验胎粪仍杳然无菌迹。20 小时之后，纵使后门围得水泄不通，而前门大开，细菌已伏在乳汁里面混进来了。

"在母亲的乳汁中混进来的食客以'乳枝杆菌'一族为最多，占 99%，其中有时夹着几个'肠球菌'及'大肠杆菌'。

"假如母亲的乳不够吃，又不愿意雇奶妈，而去请母黄牛做奶娘，由牛奶所带来的细菌，就五光十色了。最多数的不是"乳枝杆菌'，而是'乳酸杆菌'了。此外还有各式各样的'大肠杆菌''肠球菌''阳性革兰氏需氧芽孢杆菌''厌气菌'等，甚至有时混着一两个刺客，如'结核杆菌'，那就危险了，所以没有严格消毒过的牛奶，不可乱吃呀！

"在成年的人肚子饿的时候，油锅里没有菜煮，细菌也不来了。一吃了东西，细菌却跟着进来，厨

名师批注
比喻——没有严
格消毒的牛奶中
含有各种细菌，有
些是对人体有害
的，所以我们在
喝牛奶之前一定
要严格消毒哇！

房里就拥挤不堪。但是胃汁是很强烈的，它们未吃半饱，都已淹死了。只有几种'抗酸杆菌'及'芽孢杆菌'还可幸免。但是有胃病的人，胃汁的酸性太弱，细菌仍得以自全，并且如'八叠球菌''寄腐杆菌'等竟毫无顾忌地就在这厨房里组织新家庭，生出无数菌儿菌孙，而那病人的胃就一阵一阵地痛了。

"过了厨房，就是小食堂。那里食客还不多。然而食客到了食堂就流连不忍去，于是有好些都由短期变成长期食客了，这些长期食客中以大肠杆菌为最主要。它的足迹遍布天下菜馆，不论是有色人种也好，无色人种也好，它都认得，每个人的肠内都有它在吃。"

说到这里，白衣科学先生用他尖长的右手的食指，指着桌上那一架显微镜说："我在这显微镜上看的就是这一种'大肠杆菌'。其余的食客恕我不一一详举。

"它们一到了大食堂，就大热闹起来，摇头摆尾，挤眉弄眼，拍手踏足，摩肩攘臂，济济一堂，尽是细菌亲友，细菌本家。有时它们意见不合，争吵起来，扭作一团，全场大乱，人便觉得肚子里有一股气，放不出来。

"快到后门了，菜渣和细菌及咖喱似的黄汁相拌，一变而为屎。一斤屎有四五两细菌哩。然而大部分都是吃得太饱撑死了。

"以上所述，都是安分守己的细菌，还有一群专门捣墙毁壁的病菌，那我们不称它们作'食客'，简直叫它们作'刺客暗杀党'了。这就再请别的专家来讲吧！"

名师批注

叙述——细菌的眼中不分什么人种、高低贵贱，它平等地看待每一个人，在人的肠胃中进食。

名师批注

细节描写——人类的肠胃是细菌的天堂，一进入人类的肠胃，细菌便解放了天性，在里面大吃大喝起来。

读书笔记

不同的称呼说明这些细菌在人的肠胃中起到怎样的作用？

细菌的形态

有了一架可以放大至 1000 倍左右的显微镜，看细菌就是便当的事了。只须将那有菌的东西，挑下一点点涂于玻璃薄片上，和以一滴清水，放在镜台上，把镜筒上下旋转，把眼睛搁在接目镜上一看，镜中自然隐约浮出细菌的原形来。

但是，这样看法，就好像半夜醒来，睡眼迷离中，望见天空烁烁灼灼，忽明忽暗的星河星云，看得太模糊恍惚了。

自柯赫先生引用了染色法以来，细菌也施紫涂朱，抹黄穿蓝，盛装艳服起来，显得格外分明鲜秀。

后来的细菌学家相继改良修进，革兰先生发明了阴阳染色法，齐尔、尼尔森两位先生发明了抗酸染色法，于是细菌经过洗染之后，不仅轮廓明显，内容清晰，而且可做种种的分类了。

就其轮廓而看，细菌大约可分为六大类：一为像菊花似的"放线菌"，二为像游丝似的"丝菌"，三为断干折枝似的"枝菌"（即分枝杆菌），四为小皮球似的"球菌"，五为小棒子似的"杆菌"，六为弯腰曲背的"弧菌"，那第六类，有的多弯了几弯，像小小螺丝钉，又叫作"螺旋菌"。

这些细菌很少孤身漂泊，都爱成双结对，集队合群地到处游行。球菌虫，有的结成葡萄般的一把一把数十百个在一起，名为"葡萄球菌"；有的连成珠儿般的一串一串，有短有长，名为"链球菌"；有的拼成豆、栗子、花生般的一对一对，名为"双球菌"；有的整整四个做成一处，名为"四联球菌"；有的八个叠成立方体，名为"八叠球菌"。

杆菌中，有的竹竿似的一节一节；有的马铃薯般有胖胖的身躯；有的大腹便便，身怀芽孢；有的芽孢在头上，身像鼓槌；有的两端肿胀，身似豆荚；有的身披一层荚膜；有的全身都是毛；有的头上留有辫子；有的既有辫子，又有尾巴；长长短短，有大有小。

名师批注

排比——同一类细菌的形态也是多种多样的。

细菌都有点儿阴阳怪气，有的阴盛，有的阳多，有的喜酸性，有的喜碱性。若用革兰先生的染料一染，点了碘酒之后，再用火酒来洗，有的就洗去了颜色，有的颜色则洗不去了。洗去的就叫作"阴性革兰氏球菌"及"阴性革兰氏杆菌"；洗不去的就叫作"阳性革兰氏球菌"及"阳性革兰氏杆菌"哩。这阴阳两大类的球菌和杆菌，所以别者，皆因其化学结构及物理性质有所不同，换言之，即它们生理上的作用，是不一样的呀。

有一类分枝杆菌，如著名的结核杆菌，满身都是油，很不容易染色，后来齐先生和尼先生，把它放火上烘，烘得油都化走了，于是一经染色，就是放在酸汁中浸，也洗不褪，这就是抗酸染色，这一类杆菌，又被称为抗酸杆菌了。

读书笔记

你有没有给细菌染过色？它属于什么细菌？

染色之道益精，菌身的内容益彰。细菌身上或有芽孢，或有荚膜，或有鞭毛。前文已经隐隐提出。芽孢用以传种，荚膜用以自卫，鞭毛用以游动。

读书笔记

请查阅资料，了解细菌的构成以及每一部分的作用。

除此之外，孢中并非空无一物，有的说还有孢核，有的说还有色粒，连细菌学家，都还没有一律的主见，我们俗人，不管这个。

细菌的祖宗——生物的三元论

中国人最尊重的就是祖宗，所以现在我要谈起细菌的祖宗，一定很合大家的胃口，大家听了总不会十分讨厌吧。

细菌这生物，不分男女，不别雌雄，就是有，也都一律平等，没有什么轻重，所以科学家不论是在显微镜下观察，还是在玻璃器里试验，不知费了多少精神、几许工夫，还是总不能辨出它们哪个是公，哪个是婆，哪个是夫，哪个是妇。

细菌的祖宗究竟是谁呢？

古今中外的帝王都有年谱。世家也有列传。细菌族里可惜没有族谱，而且从来没有人替它们立传，所以菌族先世的性状并没有记载可寻。

于是生物学者就纷纷议论起来了。

人类和细菌初次会面还不过是260多年前的事。中国人虽常吃香蕈蘑菇，然而这些都是大菌，和细菌无干。

有人说香蕈蘑菇之类的大菌便是细菌的祖宗。提出这个意见的人以为小的生物都是从大的生物而来。例如蚂蚁、蜜蜂、蝴蝶、苍蝇以及其他一切昆虫的祖宗，就是古生物时代号称为大海霸王的"三叶虫"。在当时，三叶虫的躯体庞大无比，横行水中，水中小鱼小兽见了它都很羡慕，谁想到它后代的子孙，都是那么小小的。

又如龟、蛇、鳄鱼这一类的动物，它们的祖宗，也曾在大陆上横行过一时，那时代就叫作爬虫时代，

名师批注

列数字——人类与细菌相识的时间并不算很长，对它的认识还远远不够，所以没有办法很好地判断细菌的祖宗是谁。

名师批注

举例子——从生物界三叶虫的进化历史来看，"小的生物都是由大的生物而来"这一观念似乎是正确的。

那些爬虫，如恐龙怪蟒之类，都是顶大顶可怕的。

就是我们人类的祖宗，原始人的躯体听说也比现代人大了好些。这些不都是生物从大而小的证据吗？

然而有些微生物学者听了这话又大不以为然了。据他们说，单细胞生物是多细胞生物的祖宗，而单细胞生物却比多细胞生物小。这样一说，生物的演变，又是由小而大了。

据说最近几十年内，微生物学者又发现了好几种有生命的小东西，小到连显微镜下都看不见，因而被称作"超显微镜的生物"。那么，这些超显微镜的生物，是不是细菌的祖宗，而细菌又是不是其他一切生物的祖宗呢？

但是"超显微镜的生物"，也和细菌一样，也和香蕈蘑菇一样，都不能独立自主地生活，都须寄生于其他生物的身上，这样一说，就都没有做祖宗的资格了，因为没有主人不会有客人，没有其他生物之先哪里会有寄生物呢？

这岂不是像细菌这一类的东西，只配做人家的儿孙，不配做人家的祖宗吗？

生物学者向来强把生物分作两大界：一界是植物，一界是动物。

我以为既分作两界，不如分作三界。另添的一界是菌物，就是指香蕈蘑菇和细菌这一类的东西。

分作两界最大的理由，是植物体内有"叶绿素"，靠着这叶绿素的力量，它会利用阳光，将水及二氧化碳综合起来变成糖类。动物却没有这个本事，这是动植物两界基本上不同的地方。

名师批注

叙述——对于细菌的祖宗，不同学者从不同角度观察，产生了不同的观点，并且都无法说服彼此，以至于争论一直存在。

读书笔记 ••••••••
请查阅资料了解一下："超显微镜的生物"有什么特点？

读书笔记 ••••••••
你觉得这种观点是不是对的？为什么？

读书笔记 ••••••••
请查阅资料了解一下：你身边的植物中的叶绿素发挥着怎样的作用？

其次就是动物能够行动自由，不受土地的束缚，而植物则非连根带泥拔出来，就动不得，偶尔身上长有鞭毛或纤毛，然而也只能使局部略略飘动罢了，并不是全身的迁移。

再其次就是动物须到处寻找食物，所以具有敏锐的感觉神经，而植物无须仔细去辨别食物，所以并没有像动物那样敏锐的感觉。

又其次就是这两界的生物的形态大不相同。动物的身体都是缩作一团，上面有一条孔道可通食物，又具有消化器。植物所吃的东西都是气体和液体，这些东西四处都有，又无须经过消化的手续，所以它们的"枝""干""叶""根"都是四面张开。

现在大个子的菌物，如香蕈蘑菇之类，都是附着树干上而生，它们的外貌和植物没有两样，所以生物学者都把它们认作植物，可是它们的体内并没有一点儿叶绿素。没有叶绿素又怎样配称作植物呢！

至于细菌这一类小小的东西，固然有的也在土中生长，有的也随着空气而飘荡，有的也在水中奔波逐流，有的竟漂泊到动植物身上去，就是我们人类的肚子里也有它们的踪迹，它们身上的鞭毛又很活泼，在液体中游动起来，真比汽船潜艇还快，这些都充分地表示它们是可以自由行动的，并不受土壤的节制。况且它们身上也没有一丝一毫的叶绿素，这样看来应当把它们归于动物一界了。

然而生物学者犹豫了半世纪之久，后来到底因为它们的生活状态极似大菌，终于列它们于植物之界了。

细菌族里还有一位螺旋菌大哥，它的形状弯弯曲曲，很像螺丝钉，因为它身上没有鞭毛，靠着它自身一弯一曲的力量，而能飞快地游动，因此有时生物学者又把它拉入动物之界了。

这似乎有点儿不公平。这是生物学传统的观念，以为生物只能有两界，不是植物，便是动物，只看形式，不顾实际。植物固然有叶绿素，能自制糖。这糖便是植物自身的食料，但它却是造得太多了，而有过剩，这些过剩的食料便送给动物吃了。

动物因为有消化器，所以能把这些植物所过剩的食料，分解了而又重新综合起来，变成自身组织的结构。若植物只管制造食料，动物只管吞吃食料，而没有第三者出来代自然界收回这些原料，以供植物的再取再用，那生物界就有绝食之虞了。

这第三者的工作，就是菌物界的各分子来承担了。

香蕈蘑菇的工作，就是去分解树皮、树干、树枝、树叶这一类坚硬的东西，使它们软化，然后昆虫吃了才能消化。

细菌的工作，就是去分解动物的尸身，把它们变成各种无机物，以供植物直接从土中吸收。

由此可见，生物的循环是有三大段的，第一段是植物的工作，第二段是动物的工作，第三段便是菌物的工作了。

生物既分作三界了，菌族的地位，也就名正言顺，落落大方，不必依傍他物了，于是菌族的祖宗也就有些眉目可寻了。

这些眉目在哪里呢？

我们现在请达尔文先生出来做见证吧。在达尔文

读书笔记 •·················
作者的看法给了你
什么启示？

名师批注

议论——菌物中的各分子在自然界中收回原料，供植物取用，正好使自然界的物质实现了循环，这是大家有目共睹的事实，它的地位也就不言而喻啦！

先生的《物种起源》里，一切生物的进化程序，可以说都是由简单到复杂。

这样一说，单细胞生物无疑是多细胞生物的祖宗了。

"阿米巴"是最简单的单细胞动物，于是阿米巴就做了动物界的祖宗了。青苔是最简单的单细胞植物，于是青苔就做了植物界的祖宗了。细菌是最简单的单细胞菌物，于是细菌也就做了菌物界的祖宗了。

这三界一样重要，缺一不可，这是生物的三元论。

清水和浊水

去年夏天各省抗旱，今年夏天江河泛滥，农民叫苦连天，饿尸遍野，水的问题够严重的了。

伍秩庸先生论饮水说："人身自呼吸空气而外，第一要紧是饮水。饮比食更为重要，有了水饮，虽整天饿，也可以苟延生命。人体里面，水占七成。不但血液是水，脑浆78%也都是水，骨里面也有水。人身所出的水也很多，口涎、便溺、汗、鼻涕、眼泪等都是。皮肤毛管，时时出气，气就是水。用脑的时候，脑气运动，也是出水。统计人身所出的水，每天75两。若不饮水，腹中的食物渣滓填积，多则成毒。如果能时时饮水，可以澄清肠脏腑的积污，可以调匀血液使之流通畅达，一无疾病。"这一篇话，自然是根据生理学而谈的。由此可见，水的问题对于人身更密切了。

然而，一杯水可以活人，一杯水也可以杀人。水可以解毒，也可以致病。于是水可以分为清水和浊水两种，清水固不易多得，浊水更不可不预防。

18 世纪中，英国大化学家卡文迪什在实验氢与氧的合并时，得到了纯净的水。后来，法国大化学家拉瓦锡证实了这个实验，于是我们知道水是氢和氧的化合物。这种用化学法来综合而成的水，当然是极纯净极清洁的了。然而这种水实在不可多得，只好用它做清水的标准罢了。

一切自然界的水，多少总含有一些外物。外物愈多则水愈浊，外物愈少则水愈清。这些外物里面，不但有矿物，如普通盐、镁、钙、铁等的化合物之类，还有有机物。有机物里面，不但有腐烂的动植物，还有活的微生物。微生物里面，不但有普通的水族细菌，如光菌、色菌之类，还有那些专门害人的病菌，如霍乱弧菌、伤寒杆菌、痢疾杆菌之类。

自然界水的来源，可分为地面和地心两种。地面的水有雨水、雪水、雹、冰、浅井、山泽、江河、湖沼、海洋等。地心的水就是深井的泉水。

雨水应当是很干净的了。然而当雨水下降的时候，空气中的灰尘愈多，所带下来的细菌也愈多。据巴黎门特苏里气象台的报告，巴黎市中的空气，每 1 立方米含有 6040 个细菌，巴黎市中的雨水，每 1 升含有 19000 个细菌。在野外空旷之地，每 1 升的雨水，不过有一二十个细菌。

雪水比雨水浊，这大约是因为雪块比雨点大，所冲下的灰尘和细菌也较多吧。然而巴斯德曾爬上阿尔卑斯山的最高峰去寻细菌，那儿的空气极清，终年积雪，雪里面几乎是完全无菌的了。

读书笔记
你有什么办法可以得到纯净的水？

名师批注
说明——自然界的水中含有的外物非常多，其中不乏一些细菌，所以这些水不能直接饮用啊！

名师批注
列数字——雨水中所含有的细菌数量非常多，我们要非常小心哪！

雹比雨更浊。1901年的7月，意大利拍杜亚地方下了一阵大雹，据白里氏检查的结果，每1升雹水至少有14万个细菌。这或是因为那时空气动荡得很厉害，地上的灰尘被吹到云霄里去，雹是在那里结成的，所以又把灰尘包在一起，带回地上了。

冰的清浊，要看是哪一种水结成的。除了冰山冰河以外，冰都是不大干净的呀，因为在冰点的低温度，大多数的细菌都能保持它们的生命啊。

浅井的水，假如井保护得法，或上设抽水机，细菌还不至于太多。若井口没有盖，一任灰尘飞入，那就很污浊了。

山涧的水，不使粪污流入，较为清净，所含的微生物多是土壤细菌，于人无害，但经一阵大雨之后，细菌的数目立刻增加了好几倍。

江河的水最是污浊，那里面不但有很多水族细菌和土壤细菌，而且还有很多的粪污细菌，这些粪污细菌都有传染疾病的危险哪。粪污何以曾流入江河里面呢？这都是因为无卫生管理，无卫生教育，于是一般无训练的民众都认为江河是公开的垃圾桶，在这一个大错之下，不知枉送了多少生命啊。

湖沼的水比江河为净。水一到了湖就不流了，因为不流，那儿无数的细菌都自生自灭，所以我们说湖水有自动洗净的能力，而以湖心的水比傍岸的水尤为清净少菌。

海水比淡水为净。离陆地愈远愈净。1892年，英国细菌学家罗素在那不勒斯海湾测验的结果，在近岸的海水中，每1立方厘米有7万个细菌，离岸4000米以外，每 1 立方厘米的海水，只有 57 个细菌了。在大海之中，细菌的分布很平均，海底和海面的细菌几乎是一样多的。

由地心涌出的泉水和人工所开掘的深井的水是自然界最清净的水。据文斯洛的报告，波士顿的 15 个自流井，平均每 1 立方厘米只有 18 个细菌。水清则轻，水浊则重。清高宗曾品过通国之水，以质之轻重，分水之上下，乃定北平海淀镇西之玉泉为第一。玉泉的水里有没有细菌，我们没有实验过，就有，一定也是很少很少的了。

水的清浊有点儿像人，纯洁的水是化学的理想，纯洁的人是伦理学的理想，不见世面，其心犹清，一旦为社会灰尘所熏染，则难免污浊了。

清水固然可爱，然而有时含有病菌，外面看去清澈无比，里面却包藏祸心，这样的水是假清水，这样的人是假君子，其害人而人不知，反不如真浊水真小人之易显而人知预防。而且浊水，去其细菌，留其矿质，所谓硬性的水，饮了，反有补于人身哩。

化学工作中，常常需要没有外物的清水。于是就有蒸馏水的发明，一方将浊水煮开，任其蒸发，一方复将蒸汽收留而凝结成清水。这种改造的水是很清净无外物的了。医学上用水，不许有一粒细菌芽孢的存在。于是就有无菌水的发明。这无菌水就是将装好的蒸馏水放在杀菌器里消毒，将水内的细菌一概杀灭。这样人工双重改做出的水，就是我们今日最纯净的清水了。

浊水还可以改造为清水，人呢？

读书笔记 •
请根据这一原理测一测：你身边的水哪些清，哪些浊？

名师批注
由物及人——作者由水的清浊，联想到人心的清浊。"人之初，性本善"，但是社会这个大染缸，总会对人有各种各样的影响。

读书笔记 •
浊水经过合理利用也能对人体有益，这给了你怎样的启示？

读书笔记 •
你认为坏人能不能经过改造变成好人？为什么？

地球的繁荣与土壤的劳动者

吾乡福州，环山抱海，在人迹未到之前，原是闽江北岸鼓山脚下一片荒地、几块乱石而已。后来，由苗民部落，而田舍，小村，小镇，而县城，而府治，而今日福建的省会，其间也曾做过好几年帝王的宫城，至今城内仍留下三座秀丽的小山——于山、乌石山及屏山，是当初的三块大石头。当苗民初来时，荆棘野草满目，不堪行人，后经他们一步一步地踏成羊肠小径，渐渐化为泥路；汉族移民到此，把它砌成石子路，又改造为石板路。吾家在于山之麓，我幼时到明伦小学去读书，天天从家里出来，要转好几个弯，这些石板路是走得极其纯熟的了。谁知 15 年之后回到故乡，已街道改观，不识旧人，三坊七巷之间都是宽大平坦的马路了。

读书笔记 ·
你的故乡有没有什么变化呢？请具体说一说。

由羊肠小径变成平坦大道，由荒野乱石变成热闹都市，这个浩大的工程又是谁的功，谁的力，谁的汗滴成的呢？

埃及的金字塔，中国的万里长城，欧洲各处的大教堂、皇宫，纽约的摩天大厦……地球上一切伟大的建筑物，君王只需一道命令，阔佬只需一张支票，工程师不过绞了一点儿脑汁，可又是谁在那里天天流汗、呼喊、挣扎而造成的呢？这些建筑物千古长存，任人凭吊，而流汗的大众却早已被后人所遗忘了。

名师批注

议论——物是人非，是历史发展的必然规律，那些被历史遗忘的劳动者，最普通也最可怜。

太阳是群星的一颗，地球又是太阳的一粒碎片，福州只是地球上的一抔黄土、几根青苔而已，那些大的建筑物在地图上，却不过是一点、一圈、一横、一直罢了。

地球是我们人类的家乡。地球的年龄，据地质学家的估计，大约是 46 亿年。当它初从太阳怀里落下来的时候，是一团火焰，熔化着各种元素；后来慢慢地冷下来，凝结成了一块橘子形的大石头，直径不及 8000 英里，地心犹是火焰，地面上是热腾腾的蒸汽；再后来地面起了皱纹，凹凸不平，凹处蒸汽被冷却成了海洋，凸处成为高山。高山的岩石被风霜冰雹打成碎片散沙，为大雨所冲洗而下，随江河的急流而入于海，这些散沙在海底浸润了几千万年之久，变成烂泥，等到了环境和气候都适合于生物生存的时候，于是小小的生物，如阿米巴、海藻之类，便斯斯文文、不慌不忙地从烂泥中，一个个跳出来和太阳行见面礼，这时候的地球是阿米巴和海藻的世界了。

又过了几千万年，三叶虫出世，夺走了阿米巴的宝座，自称为大海霸王，如今一切的昆虫都是它儿孙的后代。

再过了几千万年，大鱼小鱼都出世了，还有一跳一跳的癞蛤蟆也跟在后面来了。有一天，癞蛤蟆露出头，在水面上观光时，发现了陆地，大喜，它哇的一声，一跃而上，觉得这里倒很清净，从那天起，它时时带它的老婆、儿女出没于水陆之间，号称两栖。这时候陆地上也有了一层烂泥了。

在蛤蟆的领导下，大海里的动物都想要爬到陆地上去觅食，但是它们已习惯在水里游泳，一爬上岸，只会匍匐蹒跚而行，后来它们觉得陆地上有趣，都不肯回到水中，于是就有爬虫类的出现。这些洪荒时代

名师批注

对比——于宇宙而言，每个人都很渺小，我们也只是历史变迁中的一粒微尘。

名师批注

拟人——当环境适宜时，便出现了生物，这就是自然发展的必然规律。

读书笔记 •‥‥‥‥

为什么癞蛤蟆是最早出现的两栖动物？

的爬虫都是奇形怪状，庞大无比，它们无时不在追捕弱小的动物以充饥肠。弱小的动物，被它们追得无处逃生，经过几百万年的奋斗，终于有一天，前身两臂渐渐化成翅膀，奋力一扇，飞上天空，于是天空就有了飞鸟了。

地面上的气候，一天比一天冷了。赤身光体的爬虫抵不住寒风的侵袭，为适应新环境，它们就进化成了哺乳类动物，进化后全身都有很厚很长的毛，可以御寒；它们又感到卵生非常不便，把孵育的工作收回到子宫里面，等到胎儿的雏形完成之后，才离开了母体。胎儿出生之后，又把它放在安全的地方，喂以母乳，教之觅食，直到长成能自己觅食为止。这时候陆地上已有了森林了。

哺乳类动物以猿猴最为聪明，它们利用了两手攀登树木，剖吃果实，渐渐有了直立行走之势。

大脑渐渐地发达了，有了记忆力，就发生了情感作用；有了想象力，就发生了理智作用。结合情感与理智，便有了创作发明的力量，于是原始人竟和猴子有些不同了。他看见地上有许多石子和火石，就拣几个起来，制成种种石器，或粗或细，可以猎食，可以防身。由原始人到现在，据说已有50万年的光阴了，至少，在第四次冰河退走之后，第一个和现代人有着一样身材容貌的真人出现的时候，距今也有2.5万年了。

石器时代过去了。人类分支繁殖起来，竟然征服了动植物，做了地球上"唯我独尊"的主人翁了。人类由狩猎的生活而进为渔牧的生活，而进为耕种的生

名师批注
列数字——人类进化的过程是十分漫长的。

活，而进为工厂机械富商的生活；由野人一变而为酋长，由酋长一变而为国王皇帝，由国王皇帝一变而为资本家，资本家一亡，便为劳动者的世界了。由于怕鬼、怕天、怕黑暗而入于神学的思想，神学不足信，乃代以玄学，玄学不足信，乃代以科学，于是火车、汽车、轮船、飞机、无线电、120层摩天楼、电梯，等等，一上一下、飞来飞去、时东时西，忙个不得了，流线型的生活，穷极物质之奢，把地球的面皮抓得怪痒怪难受的。假使原始人复活起来，走到南京路上，一定目瞪口呆、东张西望，不知怎样是好，恐怕连手里所存的一块石头也忘其所用了。现代人果然厉害！

然而，追本还原，原始的生物是从烂泥中出来的；地面上一切生物的繁荣也都靠着烂泥里面食料的供给才能源源不绝；人类一切的进步，科学一切的发明，也都要归功于烂泥。烂泥是一切生命创造的源泉哪！

烂泥就是土壤，土壤是矿物的粉粒与有机物的碎片相拌，再和以水或空气构成的。有机物是由动植物的尸身分解而来，动植物的死亡相继不已，则有机物的供给无穷，然而，矿物的粉粒有时不足。徒有有机物而无矿物，则是垃圾堆，不是土壤；徒有矿物而无有机物，则是沙滩，也不是土壤。

所以，要使土壤里面的食料不至于完尽，以维持地球的生活，一定要时时补充，时时变换。这变换和补充的职务，谁能担任呢？谁是土壤的劳动者呢？

是蚂蚁吗？是蚯蚓吗？

蚂蚁和蚯蚓在土壤里钻来钻去，忙的是自己吃饭和居住的问题，不过它们奔走的结果，确有松解土壤

名师批注

叙述——学会利用工具之后，人类的发展便是突飞猛进的。

名师批注

拟人——人类在发展过程中对地球毫无节制的开发，让地球深受其害。

名师批注

抒情——作者发现了一切生命发展的本源——烂泥（土壤），对它充满了崇敬。

名师批注

对比——土壤由有机物与矿物混合而成，二者缺一不可，缺少了其中任一方，都不能称之为土壤。

之功，使空气得以流通，然而对于变换和补充土壤的工作，它们是丝毫没有能力的呀！

是人类的锄头吗？是农人所施种的肥料吗？

锄头也不过是松解土壤工具，肥料只是增加土壤里有机物的容量而已。

土壤的劳动者就是我们肉眼看不见的小宝宝，叫作细菌。土壤细菌的生生世世，唯一的工作、唯一的使命，就是变换土壤的性质，补充土壤的原料。这等工作除了土壤细菌而外，断非其他生物所能胜任。

大多数的土壤细菌都盘踞在离地面 2 ~ 9 英寸深的土壤里面，入土愈深则细菌愈少；在含湿气多的土壤，大概两三英尺深靠下的地方，就几乎没有细菌了。在经人灌溉过的松软的土壤里面，到了 9 英尺深也还有细菌，每克的土壤含有 300 万至 2 亿个细菌。有这样多的细菌在那里工作，无怪乎土壤常常都是又肥又新鲜。

自阿米巴以至于人类，自青苔绿藻以至于大树上的残花枯叶，地球上一切的生物，不死则已，死了都要归入土中。细菌见了，就围着吃，慢慢地把它们身上的复杂的蛋白质或纤维素，一点儿一点儿地分解下来。有的变成碳酸气，被送入空气中；有的变成阿摩尼亚，又氧化成为硝酸盐，这硝酸盐就是植物最重要的一种食料，植物的根可以从土中自由吸收。硝酸盐是土壤的宝藏，它的供给所以能源源而来，就是靠着土壤细菌昼夜不息地工作。土壤细菌实是地球上最重要的劳动者，土壤的变换与补充实是地球上最浩大的工程。

然而，在这资本主义还没有完全消亡的时代，劳动者还是被人看不起，小小的土壤细菌还能引起人类的注意吗？

细菌学的第一课

《读书生活》的编者要我写一篇生活记录。我想一想，我过去的生活，自己以为最值得写出来的，还是在美国芝加哥大学研究细菌学的那几年。但是若都把它记录出来，要成一部书。所以我只拣出第一天上细菌学第一课时的情景，一一追述，比较浅显而易见，使人读来好像也站在课堂和实验室的门口，或踮着脚站在玻璃窗前面，望望里面，看看有什么好看，听听讲些什么，也不至于白费这一刻读书工夫罢了。

关于细菌学，我已在《读书生活》第二卷第二期，写过一篇《细菌的衣食住行》。此后仍要陆续用浅显有趣的文字，将这一门神秘奥妙的科学，化装起来，不，裸露出来，使它变成不是专家的奇货，而是大众读者的点心兼补品了。细菌学的常识的确是有益于卫生的补品，不过要装潢美雅，价钱便宜，而又携带轻便，大众才能吃，才肯吃，才高兴吃，不然不是买不起，就是吃了要头痛胃痛啊！

立克馆在芝加哥大学，是美国最老的细菌学府，是人类和恶菌斗争的一个总参谋机关。

1926年的夏天，那天我正在立克馆第七号教室上细菌学的第一课，同班只有两个美国哥儿，两个美国小姐，一个卷发厚唇的美洲黑人，连我共六人。大家都怀着新奇的希望，怀着电影观众紧张的心理，心

名师批注

疑问——在人人无暇自顾的年代，人们对于科学的忽视是可以理解的，但是也不能不让人觉得心寒。

名师批注

叙述——作者始终坚持传播科学，让人们了解科学，这是多么难得！

名师批注

比喻——将立克馆比作总参谋机关，充分说明了它在人类与恶菌的斗争中的重要地位，以及它的科技之先进。

名师批注

心理描写——作为刚刚接触这一学科的学生，作者与其他同学内心都充满了期待。

里痒痒地等候着铃声。铃声初罢，一位戴白金丝眼镜的人，穿着白色医生制服，踏着大学教授的步子进来了，手里还抱着一大包棉花。

"细菌学是一个新生的科学婴孩呀……250年以前有一位列文虎克先生，他是荷兰人哪，顶会造显微镜，他造的显微镜比别人的都好哇……巴斯德先生看见一个法国小孩子被疯狗咬了，心里很难过……柯赫先生发现了结核杆菌，德国的民众都欢天喜地，全欧洲都祝贺他，全世界都感激他……现在日本有一位野口博士亲自到非洲去，得了黄热病，就拿自己的血来试验……我们立克馆的馆长——左当博士也是一个细菌学的巨头，没有他和他的同事的努力，巴拿马运河是建不成功的呀；没有他，芝加哥的水仍是会吃人的呀……"他娓娓动听地说了一大篇。

读书笔记

结合下文内容说一说：为什么学细菌学的人第一件要做的事是学做棉花塞？

"现在我要教你们做棉花塞。"他一边解开棉花一边换一个音调继续说，"棉花塞虽是小技，用途却很大，我们所以能寻出种种病原菌，它的功劳就不小，初学细菌学的人第一件要做的事就是学做棉花塞。原来棉花有两种：一种好比海绵，见了水就淋淋漓漓地湿作一团；一种好比油布，沾一点儿水不致全湿。我们要用第二种。拿一些这种不透水的棉花，捏作一丸，塞进玻璃试管便可将其划分成内外两个世界，七分塞进里面，不松不紧，外界的细菌不得进去，内界的细菌不得出来。若把内界的细菌用热杀尽，内存的食品就永远不臭不坏。"说到这里，他将棉花分给我们六个人各自练习。此时窗外热气腾腾，窗内热汗淋淋，我一面试做棉花塞，一面品味白衣教授的话。

名师批注

环境描写——天气炎热，但并不能让我们对于细菌学的热情减少半分。

我们每人都塞满了一篮的玻璃试管了。接着，他就吩咐我们每人都去领一架显微镜，再到第十四号实验室里会齐。

我刚从仪器储藏室的小柜台口领到一件沉重的暗黄色木箱子，一手提嫌太重，两手提嫌太笨，后来还是两手分工轮流着提。我回到了立克馆，出了一身汗，进了第十四号实验室，看到同班人都穿了白色制服，坐在那长长的黑漆的实验桌前面，有的头在俯着看，有的手在不停地擦拭，每一位的桌上都装有一个电灯和一个自来水龙头。我也穿了白衣，打开我的木箱子，取出一件黑色古董，恭恭敬敬地把它放在桌上。

读书笔记
请从动作描写的角度分析这句话的作用。

这时候进来了一个矮胖子，神气不似教授，模样不似学生，他也穿着白色的制服，手里捧着一个铁丝篮，篮里装满了有棉花塞的玻璃试管，跟在他后面的就是那位白衣教授。

我也不顾他们了，醉心地摆弄我的黑色古董。那黑色古董，远看有点儿像高射炮，近看以为是新式西洋镜。上面有一个圆形的抽筒可以升降；中间有一个方形的镜台可以前后摇摆左右转动；下面是一个铁蹄似的座脚，全身上下大大小小共有六七个镜头；看起来比西洋镜有趣多了。忽然从我的左肩背后伸过来一双毛手，两指间夹着一只有棉花塞的试管，盛着半管的黄汗。

读书笔记
这黑色古董是什么？

"请你抽出一点儿涂在玻璃片上，放在镜台上看吧。"这是白衣教授的声音，于是我就照着他所指导的法子，一步一步地去做。

"这是像一串一串的黑珠哇。"我用左眼，又用了

☑ 灰尘的旅行

读书笔记 •·············

结合之前了解的细菌知识说一说：他们每个人观察的细菌分别是什么细菌？

右眼，一边看一边说。

"我看的这一种像葡萄哇。"一位鹰鼻子美国哥儿的声音。

"我所看的像钓鱼的竹竿。"黑人说。

"这有点儿像马铃薯哇。"那位金黄头发的小姐说。

"我的上帝呀！这像什么呢？"我隔壁那位戴眼镜的美国哥儿忽然立起来对我说，"高先生，请你看看，这一种细菌东歪西斜，不是很像中国字吗？"

"这倒像你们西洋人偶尔学写中国字所写的样子哩，我们中国字是方方正正的，没有那么歪歪斜斜呀。"我看了一看就笑着说。

名师批注

语言描写——面对外国人对中国人的误解，作者敢于维护国家形象，爱国之心令人感动。

还有一位美国小姐没有作声，忽然"啪嚓"一声，她的玻璃片碎了，于是白衣教授就走近她的位子郑重地说："我们用显微镜来观察细菌的时候，要先将那抽筒转到最下面至与玻璃片将接触为止，然后，在看的时候，慢慢地由低升高，切不可由高降低，牢记这一点道理，玻璃片就不至于破碎，镜头也不至于损坏了。"

读书笔记 •·············

从教授对美国小姐的指导中，可以看出他是一个什么样的人？

那位小姐点着头，红着脸，默默地收拾残碎的玻璃片。

看过了细菌，白衣教授又领了我们六人出了实验室，走不到几步便闻见一阵烂肉的臭气，夹着一种厨房的气味，刚推开第十八号实验室的一扇门，那位矮胖子又出现了，正坐在那大大长长粗粗的黑桌子旁边，左手里握着四只玻璃试管，右手的大、二两指捏着长圆形的玻璃漏器下面的夹子，一捏一捏的，黄黄的肉汁，就从漏器中泻到那一支一支的试管里面。他的动作很快，很纯熟，满桌满架上排着的尽是玻璃管、玻璃瓶、玻璃缸、玻璃碟，或空或满，或污或洁，大大小小，形形色色，更有那一筒一筒的圆铁筒，一个一个的铁丝篮，一包一包的棉花和其他零星的物件，相伴相杂。满房里充满了肉汁和血腥的气味。

"这一个大蒸锅里面煮的是牛肉汤，"白衣教授指着另一张桌上一个大铜锅，锅底下面呼呼地烧着大煤气炉，"牛肉汤加上琼脂（琼脂是一种海草，煮化了会凝结成一块）就变成牛肉膏，再加上糖变成蜜饯牛肉膏，又甜又香又有肉味，此外还预备有牛奶、鸡蛋、牛心、羊脑、马铃薯等，这些都是上等补品。我们天天请客，请的是各处来的细菌，细菌吃得又胖又美，就可以供我们研究，供我们实验了……"

他没有说完，在他背后那个角落里，我又发现了一个新奇、庞大、长圆形的横卧在铁架上的黄铁筒，仿佛火车头一般，上面没有那突出的烟筒和汽笛，但有一个气压表、一个寒暑针、一个放气管插在上面，筒口有圆圆的门盖，半开半闭，里面露出一个装满了玻璃试管的铁丝篮。后来他告诉我们这是"热压杀菌器"，用高压力的蒸汽去杀尽细菌。

他推开后面那一扇门，让我们一个个踏进去。不得了，这里有动物的臭味腥气冲进鼻子里。一阵猫的尿气，一阵老鼠的屎味，一阵兔毛拌干草的气味，若不是还有一阵臭药水的味，鼻子就要不通气了。这里有更多更大的铁丝篮，整齐地分列两旁，一层一层一格一格地排着，每篮都有号数。篮中的动物看见我们走近，兔子就缩头缩耳地往后退却，猴儿就睁大眼睛

名师批注

环境描写——在作者看来，这样的实验室就如同一个新世界，让人心生好奇，不由得想要进去探寻秘密。

名师批注

语言描写——教授将对细菌的研究说作是请客，可见他幽默风趣的个性，惹人喜爱。

读书笔记

请尝试自己画一下热压杀菌器的示意图。

上下眺望，猫就伸出爪，小白老鼠东窜西窜，还有那些半像猪半像鼠的天竺鼠正吃萝卜不睬我们哩。

"这些动物都是人类的功臣，"那教授又扬起声音说了，"代我们病，代我们死，病菌生活的原理，都是用它们来查的呀。我们天天忙着，不是山羊抽血，就是豚鼠打针，不是老鼠毒杀，就是兔子病死，不是猫开刀，就是猴儿灌药，手段未免过辣，成效却非常伟大，现代医学的进步不知牺牲了多少这样的小动物哇……"

他说完了，又引我们看了后面的羊场。一只大母羊三只小山羊见了我们拔腿就跑。

我们出来又参观了冰箱和暖室，他又指示我们每人的仪器柜和衣服柜，我们就把木箱子的古董锁在仪器柜里面，脱了白衣锁在衣服柜里面。此时，开始时的臭味、腥气都被新奇的幻想所冲散了。

出了立克馆就是爱丽斯街，街上来来往往都是高鼻子的男女学生，唱着歌儿，呼着哈啰，说说笑笑，嘻嘻哈哈的，夹着书本，迈着大步走。我也夹杂在其间，心里在微微地笑，一步一步都欣然自得，像哥伦布发现了新大陆。

凶手在哪儿

强盗在杀人，疾病也在杀人。

强盗的面前是财物，背后站着迫强盗为强盗的恶势力。

疾病的面前是身体虚弱不讲卫生的人，背后站着毒菌。

战争在酝酿着，时疫也在酝酿着。杀人的势力膨胀了。

战争的凶手是帝国主义者的军队，时疫的凶手是毒菌的兵马。

战争造成了毒菌大量杀人的机会。它没有正式利用过毒菌，也许终究不敢利用，而毒菌却早已尽量利用了它。

单举"脑膜炎"为例吧。脑膜炎的凶手，是爱吃人血的一对一对的"双球菌"。经过一次大战，它就盛行一次。在欧战时，英军受害最深，法军次之，德军几乎幸免，这或许是因为德国的军事卫生训练特别精到吧。

在战前，脑膜炎每年杀死的英国人，总不到200人。在1915年英国加入欧战之后，死于脑膜炎的人数，突然增至1521人。

在中国，脑膜炎素来就不和我们客气，一旦远东战事发生，即使敌人不散放脑膜炎的毒菌来扑灭我们，因战时所造成的不卫生的环境，脑膜炎自然趁势蔓延起来。那时，我们一般军队和民众，既缺卫生训练，又少预防常识，一个个手忙脚乱，不知如何是好，怎么得了！

脑膜炎如此，还有其他更多更凶狠的毒菌，都在那里扩充军备，瞧着，闻着，等候着大战的来临，就要一一发作，一一暴动起来，更怎么得了！

战争是时疫的导火线。所以战争不仅是社会科学的问题，也还是自然科学的问题。

疾病不是私人的痛苦，大家都有份。病会流行，

名师批注

对比——战争对人类的伤害是有限的，但是毒菌对人类的侵害却是不死不休的，直接危害到整个社会生存发展。

病会传染，传染所及，大众都要遭殃。一人的病，一变成大众的疫，全世界都生恐慌。

战争最大的目的，是要打倒别人的国家，降伏异族。帝国主义者这才扬扬得意了。

时疫最大的目的，是要毁灭全人类，破坏生物界的完整。毒菌这才在那里吃吃而笑了。

所以时疫虽是自然科学的问题，也更是社会科学的问题。

帝国主义者这凶手的潜势力，是很深长、久远的，他是明目张胆地行凶，我们是司空见惯了。

毒菌这凶手的潜势力，也很深长、久远。可是它在暗中作怪，我们只觉着受它的攻打，却见不着它一丝踪迹。

有一些毒菌的踪迹，虽是被科学家看穿了，我们大众哪里有这眼福。就是偶尔看到显微镜，也是茫然一无所得。

那么，请细菌学者开一张毒菌的清单，好吗？那又都是一批一批、生硬的怪名词，看了更让人糊涂。

读书笔记 ••••••••••••
这段话给了你什么样的启示？

既有这些杀人不见血、不留影子的凶手，又有那些土头土脑，危险临头而还是那么懒洋洋的，没有团结力，没有自卫力的一般民众，这岂不是都坐着等死吗？

毒菌的真相、阵容，如何侵略我们，我们如何侦察、搜查，如何防御，如何消灭它的恶势力，这些似乎都是专家的智识。然而大战爆发了，寥寥几位专家是不济事的。卫生局就有成千的医生，可以立时动员给我们打预防针，施救急药，而一市数百万的居民，能个个都照顾到吗？中国有几个城市有卫生局呢？全国有多少能治病的医生呢？

因此，中国的民众在抵抗帝国主义者侵略的时候，对于防御毒菌的常识，是必不可少的。

最先要认识毒菌的巢穴、魔窟。然后进可以攻，退可以守，然后处处小心提防，不去沾染它。攻就要全部围剿，用消毒的手段去消灭它。

我是曾经在实验室里，掌管过毒菌生死簿的一人，所以对于它的来历、形状，颇为清楚。

统观起来，屈指一算，它的魔窟，可有七处。

第一窟是水窟，叫作"粪窟"更为切实。粪原是毒菌的大本营。一杯明净的水，它的来源若流进了粪，就有不少的毒菌混入，看去还是明净，然而就是这一杯水，把毒菌送到我们的肚肠里去了。这一类的毒菌，如伤寒菌、痢菌、霍乱菌，都是极凶狠的。当然，不要忘记了，苍蝇也是这一批传染症的帮凶。有时做帮凶的还是人们自己的手指头。

第二窟是人窟，更深切一点儿叫作"喉窟"也可以。毒菌就伏在人的咽喉里。带菌的人把它带来带去，四处散布，大众拥挤的地方，更是危险了。欧战时就有不少这情况。在营房里，本来人气就多，到晚上又都床靠床地睡。据说床的隔离，要在 3 英尺以外，才没有传染的危险。这一类的传染病，如结核、白喉、脑膜炎、流行性感冒、肺炎、猩红热等，传染的法子，大同小异，都是以病人或带菌人为出发点的。

第三窟是食窟。这一类的毒菌，如肠热毒、腊肠毒菌，都不待苍蝇的提携，早伏在肉和菜里面了。中

名师批注

疑问——在战争中，应该怎样预防毒菌的侵害？这不仅需要专家，也需要国家力量的介入，但是在当时的时代背景下，国家能否解决好这件事让人心存疑问。

名师批注

分类别——这七处魔窟不仅在战争时期需要注意，平时的卫生防疫中也需要注意呀！

读书笔记
为什么手指头也会成为帮凶？

名师批注

拟人——毒菌并不需要什么准备或者招待，它随时待命，准备攻陷人类，所以人类要时时警惕。

国人吃的肉煮得烂，危险似乎较少。

第四窟是虫窟。身虱可怕吗？它会传染斑疹伤寒。臭虫、吮血蝇可怕吗？它们会传染回归热。跳蚤可怕吗？它会传染鼠疫，不过鼠疫还有老鼠被利用。疟蚊可怕吗？它会传染疟疾，不过疟疾的主因，不是毒菌，而是毒原虫。这些虫子有些常见有些不常见，一律打倒，免得将来成为帮凶。

第五窟是兽窟，在这里，人和兽都是被屠杀者。因为人和兽的接近，兽的疫就跑到人身上来了。疯狗咬人，人不但受伤，还会患狂犬病。马夫曾受马鼻疽的传染。牛羊的炭疽病，会传给织毛、洗革的工人。地中海一带的人，吃了羊奶，也会得马耳他热病。牛奶有时也会送结核菌到我们的肚子里去。欧战时，前线的兵士多得急性黄疸病，据说是身上的伤口沾着了老鼠尿。日本也有七日热、鼠咬热诸病，都与老鼠有关。的确，老鼠还是鼠疫的第一主人咧。

第六窟是土窟，这里抗敌的战士们要特别注意呀！在战壕里，就伏有不少的毒菌。不是那泥土不干净，就是那马粪太危险，受伤的军士经不起破伤风毒菌的袭击呀！有时在战地上跳出一种虱子咬你一口，还会发生战壕热的病哩。

第七窟是皮窟，由皮肤和皮肤的密切接触而传染。那就是混入人类的性生活里的梅毒菌和淋菌，还有那趴在皮肤上老不肯去的麻风菌。这些顽固的毒菌，在传染病的暴风雨中，居然也占有一角很大的地盘。

也许还有第八窟。这七窟也并不是天然的分界。

名师批注

排比——毒菌的传播有时是可以感知到的，它们寄生在昆虫身上，到处散播。

读书笔记 •················

你知道有哪些由兽传染给人的疾病吗？

不过在这七窟里，我们时时都可以发现毒菌在活动蔓延。

水、人、食、虫、兽、土、皮，这毒菌的七窟，认清吧！

临了，我记起一件事。第八窟是有的，那就在帝国主义者预备施放毒菌战的时期。那么，我们要扑灭毒菌，就先打倒帝国主义者！

读书笔记
我们可以怎样做来预防毒菌的七窟带来的危害？

名师批注
直接抒情——为了避免出现毒菌战，当时的人们必须从源头杜绝灾祸。

名师精华赏析

小小的细菌，我们在生活的方方面面都能找到它的足迹，也正是这小小的细菌，高士其先生在其中看到的却是大大的世界。从小小的细菌身上，我们能感受到那个年代人们的艰难处境；从小小的细菌身上，我们能够看到高士其先生身上的家国情怀，这一份对人民的怜悯，正是这些作品的伟大之处。

积累与运用

💡 好词

蒙蔽　巡逻　歧路　侵略　顷刻　舆论　游历　声誉　轻贵

蹒跚　疲倦　漂泊　纯熟　名正言顺　落落大方　娓娓动听

司空见惯　可有可无　横冲直撞　汹涌澎湃　摩肩接踵

自鸣得意　目瞪口呆　卧薪尝胆　不胜枚举　熙熙攘攘

不露声色　不以为然　明目张胆

💡 佳句

没有人眼，色即是空；有人眼在，空即是色。

这些动人而又迷人、醒人而又醉人、交相辉煌而又争妍夺艳的种种的色，使我们的眉目都生动起来、活泼起来，然而外界的引诱力是因之而强化，于是我们有时又糊涂起来、迷惑起来了。

不知被什么风吹走，今年的爆竹声虽仍是东止西起、南停北响，但要停了好一会儿才接着响下去，无精打采地，既像疏疏的几点雨声，又像檐下的滴漏，等了许久，才滴上一滴。

不但如此，鼻孔喉咙还是细菌的咖啡馆，皮肤毛管还是细菌的小食摊，而地球上一沟一尘，一瓢一勺，莫不是它们乘风纳凉饮冰喝茶之所。

它们一到了大食堂，就大热闹起来，摇头摆尾，挤眉弄眼，拍手踏足，摩肩攘臂，济济一堂，尽是细菌亲友，细菌本家。

水的清浊有点儿像人，纯洁的水是化学的理想，纯洁的人是伦理学的理想，不见世面，其心犹清，一旦为社会灰尘所熏染，则难免污浊了。

💡 美文仿写

眼前小小的细菌，高士其先生看到的却是整个社会。通过联想、以小见大等手法的运用，高士其先生在文中表达了内心深藏的家国情怀，令人十分感动。相信在生活中，你也有过这样的思考，请选择让你有过深入思考的一件事物，仿照文段写一段文字，表达自己的深切情感。

我由泪想起汗，由汗想起尿。

这是贫民窟里的"三宝"，却不为一般人所重视，因此我愿意替它们宣传宣传。

泪在灾民、难民眼眶里狂涌，汗在车夫、工人的额角和背上怒奔，尿在黑暗的角落打滚。

_____

_____

_____

_____

_____

知识大宝藏

细菌的种类繁多，对人类有利有弊。在人类趋利避害的大趋势下，却有些人反其道而行之，利用细菌来达到不可告人的目的。在人类的历史上，就有过不少利用细菌来毒害人、畜及农作物，造成人工瘟疫的事件。现在就请跟着我来看看这些惨痛的历史，并且说一说你对于"细菌战"的看法。

1.人类历史上第一次细菌战：汉武帝在位期间，曾派兵征战匈奴。匈奴将病死的马、羊埋进汉军的水源上游，汉军中许多人出现了中毒的症状。

2.人类历史上最大伤亡的细菌战：1345年冬到1346年，蒙古军队进攻乌克兰，将患鼠疫的人的躯体抛入城内。鼠疫爆发，并且猖獗了3个世纪，造成了2500余万人死亡。

3.1940年细菌战：1940年，日军对我国衢州和宁波进行细菌战，在两地投放了伤寒菌、霍乱菌、鼠疫菌，造成大量人员伤亡。

第二章　真题演练

一、填空题

1. _____、汗、泪都是从血液里面逃出来的流民。

2. _____是一副多管的腺，是尿的制造所。

3. _____以上，_____以下，就因光波太长或太短的缘故，不得而见了。

4. 我们听到的最高的振动频率，要在每秒钟_____次以内，才听得见。

5. 霍乱弧菌可于 1 小时之内渡过_____长的路程。

6. 疯狗咬人，人不但受伤，还会患_____。

7. 水、人、_____、虫、_____、_____、皮，这是毒菌的七窟。

二、简答题

1. 不同的细菌对人类的发展是有利有弊的，我们作为未成年人，在生活中应该怎样保护自己免受细菌侵害，又可以怎样利用细菌为自己和家人造福呢？

2. 细菌的衣食住行中，最喜欢的菜馆便是人类的肚肠。请结合你学到的知识，说一说这是为什么？

参考答案

一、填空题

1. 尿

2. 肾

3. 红；紫

4. 4 万

5. 18 厘米

6. 狂犬病

7. 食；兽；土

二、简答题

1. 言之有理即可，如：作为未成年人，我们平时要勤洗手、勤洗澡，避免细菌侵害；我们可以让家人多喝酸奶，保护肠胃，让细菌为家人造福。

2. 结合文章的内容进行总结即可。如：人类的体温在 37℃左右，是细菌最适宜生存的温度；人类作为食物链顶端的动物，肚肠内的食物非常丰富，能够满足细菌生长需求。

第三章

科学趣谈：细胞的不死精神

✐ **名师导读**

　　细菌是我们生活中非常重要的一部分，但是我们多彩的生活不仅仅只有细菌，还有其他非常丰富的部分。而这些部分中到底又有哪些值得我们去探索呢？我们的现代科技正在飞速发展，但是也遇到了非常多需要解决的问题，我们未来的方向又在何处呢？让我们一起来探索历史发展，从中找到答案吧！

名师批注

拟声词——时钟嘀嗒的声响，象征着时间的流逝，而在时间的流逝中发生了怎样的故事呢？吸引读者，激发了读者的阅读兴趣。

读书笔记 •·········
生活中你还见过哪些现象是因为地心的吸力而出现的呢？

细胞的不死精神

嘀嗒嘀嗒，嘀嗒又嘀嗒……

壁上挂钟的声音，不停地摇响，在催着我们过年似的。

不会停的呀！若没有环境的阻力，只有地心的吸力，那挂钟的钟摆，将永远在摇摆，永远嘀嗒嘀嗒。

苹果落在地上了，江河的潮水一涨一退，天空星球在转动，也都为着地心的吸力。

这是 18 世纪，英国那位大科学家牛顿先生告诉我们的。

但，我想，环境虽有阻力，钟的摇摆虽渐渐不幸停止了，还可用我的手，再把发条开一开，再让钟摆摆一摆，让它又嘀嗒嘀嗒地摇响不停了。再不然，钟的机器坏了，还可以修理的呀。修理不行，还可以拆散改造的呀。

我们这世界，断没有不能改良的坏货。不然，收买旧东西的，便要饿肚皮。

钟摆到底是钟摆，怕的是被古董家买去收藏起来，不怕环境有多么大的阻力，当有再摇再摆的日子。

地心的吸力，环境的阻力，是抵不住、压不倒的，人类双手和大脑得一齐努力抗战哪。你看，一架一架、各式各样的飞机，不是都不怕地心的吸力，都能远离地面而高飞吗？

读书笔记
人类靠自己的双手和大脑还制造过哪些奇迹？

这一来，钟摆仍是可以嘀嗒嘀嗒地不停了。也许因外力的压迫，暂时吞声，然而不断地努力，修理，改造，整个嘀嗒嘀嗒的声音，万不至于绝响的呀！

无生命的钟摆，经人手的一拨再拨，尚且永远不会停止；有生命的东西，为什么就会死亡？究竟有没有永生的可能呢？

名师批注
过渡——钟摆尚有永不停止的可能，那有生命的事物是不是也能永生？联系上下文内容，承上启下。

死亡与永生，这个切身的问题，大家都还没有得到一个正确的解答。

在这年底难关大战临头的当儿，握着实权的老板掌柜们，奄奄没有一些生气，害得我们没头没脑，看见一群强盗来抢，就东逃西躲，没有一个敢出来抵抗，还有人勾结强盗以图分赃哩。真是1935年好容易过去，1936年又不知怎样。不知怎样做人是好，求生不得，求死不能，生死的问题愈加紧迫了。

然而这问题不在于我们悄悄地绝望了。

我们不是坐着等死，科学已指示我们的归路、

名师批注
议论——当人生陷入了绝境，我们依旧不能放弃希望，依然应该鼓起勇气去面对。

名师批注

双重否定——细胞的生长、分裂并不是自己能够控制的，而是自然规律下必然的一个过程，正是细胞的生长分裂，才有了生命。

名师批注

对比——无论生物的体形巨大还是微小，它们都是由大小相近的细胞构成，只是细胞的数量不同而已。

读书笔记

请用自己的话说一说细胞成长分裂的过程。

前途。

我们要在生中探死，死里求生。

生何以会生？

生所以会生，是因为在天然的适当环境之中，我们有一个不能不长、不能不分的细胞。

细胞是生命最小最简单的代表，是生命的基本单位。不论是穷得如细菌或阿米巴，一条性命，也有一个寒酸的细胞；或富得像树或人一般，一身也不过多拥有几万万细胞罢了。山芋的细胞，红葡萄的细胞，不比老松老柏的细胞小多少。大象、大鲸的细胞，也不比小鼠小蚁的细胞大多少。在这生物的一切不平等声浪中，细胞大小肥瘦的相差，总算差强人意吧。

这细胞，不问它是属于哪一类生物，落到适合于它生活的肉汁、血液，或有机的盐水当中，就像磁石碰着铁粉一般高兴，尽量去吸收那环境的滋养料。

吸收滋养料，就是吃东西，是细胞的第一个本能。

细胞吃饱了，会胀大，胀得满满大大的，又嫌自己太笨太重了，于是不得不分身，一分而为二。

分身就等于生孩子，是细胞的第二个本能。

分身后，身子轻小了一半，食欲又增进了。于是两个细胞一齐吃，吃了再分，分了又吃。这一来，细胞是一刻比一刻多了。

生物之所以能生存，生命之所以能延续下去，就靠着这能吃能分的细胞。

然而，若任细胞不停地分下去，由小孩子变成大人，由小块头变成大块头，再大起来，可不得了，真要变成大人国的巨人，或竟如希腊神话中的擎天大汉，或如佛经中的须弥山王那么大了。

为什么，人一过了青春时期，只见他一天老过一天，不见他一天高大过一天呢？

是不是细胞分得疲乏了，不肯再分哪？有没有哪一天哪一个小时，细胞突然宣告停业了倒闭了呀？

细胞的靠得住与靠不住，正如银行、商店的靠得住与靠不住，不然，人怎么一饿就瘦，再饿就病，久饿就死呢？不是细胞亏本而招盘吗？那么，给它以无穷雄厚的资源，细胞会不会渡过死亡的难关，而达永生之域呢？

这是一个谜。

这个谜，绞尽了几十位科学家的脑汁，费光了好几位生理学者的心血，终于是打破了。

1913 年，有一天，在纽约那一所煤油大王洛氏基金所兴建的研究院里，有一位戴着白金眼镜的生理学者——葛礼博士，手里拿着一把消毒过的解剖刀，将一只活活的童鸡的心取出，他用轻快的手法，割下一小块鲜红的心肌肉，投入丰美的滋养汁中，放在一个明净的玻璃杯里面，立刻下了一道紧急戒严令，长期不许细菌飞进去捣乱，并且从那天起，时时灌入新鲜的滋养汁，不使那块心肌肉的细胞有一刻饿。

自那天起，那一块小小肉胚，每过 24 个小时，就长大一倍，一直活到现在。

前几年，我在纽约城参观洛氏研究院，也曾亲见过这活宝贝，那时候它已经活了 16 年了，仍在继续增长。

本来，在鸡身内的心肌肉，只活到 1 年，就不再长大了。而且，鸡蛋一成了鸡形，那心肌肉细胞的分身率，就开始退减了。而今这个养在鸡身以外的心肌肉细胞，竟然已超过了死亡的境界，而达永生之域了。至少，在人工培养之中，还没有接到它停止分身的消息呀！

葛礼博士这个惊人的实验证实了细胞的伟大。

细胞真可称为"仙胞"，它有长生不死的精神与力量，只可惜为那死板的环境所限制。一个细胞，分身繁殖的能力虽无穷，但恨没有一个容纳这无穷之身的躯壳，因而细胞受了委屈，生物都有死亡之祸了。

说到这里，我又记起那再寒酸不过，一身只有一个细胞的细菌。它们那些小伙伴当中，有一位爱吃牛奶的兄弟，叫作"乳酸杆菌"。当它初跳进生奶瓶里去时，显得很威风，几乎把生奶的精华都吃光了。后来，谁知它吃得过火，起了酸素作用，大煞风景了。因为在酸溜溜的奶汁里，它根本就活不成。

这是怪牛奶瓶太小，酸却集中了。设使牛奶瓶无限大，酸也可以散至"乌有之乡"去，那杆菌也就可以生存下去了。

这是细菌的繁殖，也受了环境的限制。

环境限制人身细胞的发展，除了食物和气候而外，要算是形骸。

形骸是人身的架子，架子既经定造好了，就不能再大，不能再小，因而细胞又受着委屈了。

据说限制人身细胞发展的，还有"内分泌"咧。

内分泌，这稀奇的东西，太多了也坏事，太少了也坏事，我们现在且不必问它。

中华民族的生存，也和细胞一样，受着环境的威胁了。内有汉奸的捣乱、不抵抗弱者的牵制，外有强敌的步步压迫，已到了生死存亡的关头了。

然而民族是有不死的精神和斗生的力量的。

中华民族固有的不死精神和潜伏的斗生力量，消沉到哪里去了？还不跳出来！

我们要打破"由命不由人"这个传统的糊涂意识。科学已指示我们，环境的阻力，可以一一克服。我们民族的命运，还在我们民众自己手里。全体中华民众团结起来，武装起来，奔腾怒吼起来，任何敌人的飞机、大炮都要退避。

就是敌人已经把我们国家拉上断头台去，我们民众还可一声呐喊，大劫法场啊！

用人手一拨，钟摆可以不停。

用人工培养，细胞可以永生。

集合民众力量，一致抗敌，自力更生，自力斗生，中国不亡！

新陈代谢中蛋白质的三种使命

"新陈代谢"这名词，在大众脑子里没有一些儿印象；就是有，也不十分深刻吧，有好些读者都还是初次见面。

这个词最熟识，而兼最受欢迎的，还是为首的那个"新"字，尤其是在这充满了新年气象的当儿。

现在有多少人正忙着过新年。国难是已厌恶到这地步了，民众仍是不肯随随便便放弃吃年糕的惯例。到贺年时，还是要贺年。虽是旧历废了，改用新历，

名师批注
类比——细胞的遭遇使作者想起了当时中国遭遇的内忧外患。

读书笔记
面对国家危难，我们从作者身上学到了什么？我们应该怎么做？

名师批注
抒情——科学不仅可以指导技术生产，与社会生存也有着共通之处。

读书笔记
你知道"新陈代谢"的意思吗？请查阅资料后说一说。

但，不问新与旧，街坊上年糕店的生意，依样地兴旺。

只要年年的年糕够吃，人人都吃得起年糕，人人都能装出一副笑眼、笑脸去吃年糕，中国是永远不会亡的。

若只有要人、阔人、名人等，乃至于汉奸，吃得有香有味，而我们贫民、灾民、难民，迫在走投无路的角落里，吃些又咸又苦——自己的眼泪，那中国就没有真亡，我们已受罪，受得已不能再忍下去了。

> **名师批注**
>
> 议论——面对国难，中国人民并没有颓废不前，而是努力地积极乐观起来，给予自己希望。

就有一些人，成天里，不吃别的，只吃些年糕当饭，这有碍健康。因为平常的年糕里，大部分都是米粉、糖及脂肪，所含的蛋白质极少，极少，而蛋白质却是食物中的中坚分子，不能吃得太少了。

大众说："'蛋白质'又是一个新鲜的名词，有点儿生硬，咽不下去。"

> **名师批注**
>
> 语言描写——当时的大众对于这类新的名词，总是不太容易接受的，带着一点儿天然的排斥。

化学家就解释说："在动植物身上，所寻出的有机氮化物，大半都是'蛋白质'。例如，鸡蛋的蛋白，就几乎都是蛋白质，蛋白质也因此而得名。蛋白质的种类很多，结构很复杂，而它实际是一切活细胞里面，最重要的成分。地球上所有的生活作用，不能没有它。动物的食料中，万万不能缺少它。"

> **名师批注**
>
> 类比——生物身上的蛋白质在维持生命的过程中起着非常重要的作用，而学生在国难时，也如同蛋白质，是拯救国家的中坚力量。

生物身上的蛋白质，是生命的基本力量，犹如国难声中的救国学生运动，是挽救民族的基本力量啊！

学生是国家的"蛋白质"。

旧年过去新年来，有钱的人家，吃的总是大鱼大肉；没钱的人家，吃的总是青菜豆腐。有的穷苦的人家到了过年的时候，也勉强地或借或当，凑出一点儿钱来买些不大新鲜的肉皮、肉胚，尝尝肉味。有的更穷苦的，战战栗栗地，拥着破棉袄，沿街讨饭也可以讨得一些肉渣菜底。顶苦的是苦了那些吃草根树叶的灾民，在这冰天雪地的季节，草根也掘不动，树叶也凋零枯黄尽了。吃敌兵的炮弹，只有一刹那的热血狂流，一死而休。真是，我们这些受冻饿压迫的人，不啻早已宣判了死刑，恨不得都冲到前线去，和陷我们堕入这人间地狱、比猛兽恶菌还凶狠的帝国主义者肉搏。

肉搏是靠着赤手空拳，靠着肉的抗争力量啊！这也靠着肉里面含有丰富坚实的蛋白质啊！然而经常吃肉的人，虽多是面团团、体胖胖，却不一定就精神百倍，气力十足。这是因为他们太舒服了，蛋白质没有完全运用，失去均衡了。

名师批注

叙述——肉中含有丰富的蛋白质，但是只吃肉也并不能保证精神百倍，气力十足，所以物极必反哪！

至于青菜豆腐，草根树叶，虽很微贱，贵人们都看不起，却也有生命的力量，也含有不少的蛋白质。这些植物的蛋白质，吞到人的肚子里不大容易消化，没有猪肉、鸡肉那样好消化。然而劳苦大众吃了它们，多能尽量地消化运用，丝毫都没有浪费，一滴一粒都变成血汗和种种有力的细胞。只恐不够，哪还怕吃太饱了。

蛋白质，不论是动物的，或是植物的，吃到了肚子里，经过了胃汁的消化，分解成为各种"氨基酸"。"氨基酸"又是一个新异的名词。它是合"阿摩尼亚"的"阿"和"有机酸"的"酸"而成。我们大众只需认它是一种较简单的"有机氮化物"就行了。

这些氨基酸，就是蛋白质的代表，就渐渐地通过小肠、大肠的圆壁上，为血液所吸收。所以过了大小比喻——将胃比作蛋白质的学校，形象生动地写出了胃对蛋白质的筛选淘汰的过程，蛋白质被胃吸收之后，用于维持人的生命。

肠之后，大多数的蛋白质都渐渐地不见了，以至屎里面所含"氮"的总量，总没有吃进去的东西那么多。

胃，就像是蛋白质的学校，我们吃进去的鱼肉鸡鸭、青菜豆腐，都在那里受胃汁的训练与淘汰，被血液吸收之后，便是蛋白质毕了业，被引到社会中服务去了。

进了血液，到了社会以后，是怎样发展，怎样转变的呢？那便是我们目前所要追问的问题——"新陈代谢"。

"新陈代谢"是"营养"的别名，是食料由胃肠到了血液之后，直至排泄出体外为止，是这一大段过程中的种种演变。

读书笔记

请查阅资料了解一下：如果失去其中某一种要素，人体会发生什么毛病？

"新陈代谢"不限于蛋白质，营养的要素，还有碳水化合物。脂肪、维生素、水、无机盐等。这些要素，一件也不能缺少，缺少一件就要发生毛病。然而，蛋白质却是它们当中的最实在、最中坚的分子。

蛋白质有什么资格，什么力量，配称作是食物中的中坚分子呢？

疑问——通过对蛋白质的地位提出疑问，引出下文，也设置悬念，吸引了读者。

这是因为它在营养中，在"新陈代谢"中，负有三种伟大的使命。

蛋白质化为"氨基酸"，进了肠的血流，都在肝里面会齐，然后向血液的总流出发，由红血球分送至全身各细胞、各组织、各器官。

在这些细胞、组织、器官里面，那"氨基酸"经过生理的综合，又变成新蛋白质。人身的细胞、组织、器官，时时刻刻都在变化、更换，旧的下野，新的上台，而这些新蛋白质，便是补充、复兴旧生命的新机构。

被吸进了血流的"氨基酸"，形形色色，里面的分子，很是复杂。有的颇是精明能干，自强不息，立为细胞所起用；有的迟钝笨拙，过于腐化，为细胞所不愿收。

在这一点看去，据生理学者的实验，植物的蛋白质，不如动物的蛋白质更容易为人身细胞所吸用。这理论如果属实，又苦了我们没得肉吃的大众了。

据说，牛肉汁的蛋白质，最丰最好，牛奶次之，鱼又次之，蟹肉、豆、麦粉、米饭依次递降，一个不如一个了。

那些不为细胞组织等所吸用，没有收作生命的新机构的"氨基酸"，做什么去了？我们吃多了蛋白质，那过剩的蛋白人才，有什么出路呢？

它们的大部分，就都变成生命的活动力，变成和碳水化合物及脂肪一样，也会发热，也会生力。"氨基酸"又分解了，那"阿"的部分，变成了"阿摩尼亚"，如接着又变成了"尿素"，顺着尿道出去了；那"有机酸"的部分，受了氧化，以供给生命的新活动力。

这生命的新动力，便是蛋白质的第二种使命。

食物蛋白质的第三种使命，就是储存起来，以备非常时期急用。在这一点，它们是生命的"准备库"，是生存竞争的"后备军"。这一定要等到生命的新机构完成，活动力充足以后，才有这一部分多余的分子。

我们平日每顿饭都吃得饱饱的，尤其是常吃滋补品的人，身上自然就留下许多没有事干的、失业的蛋白质。它们都东飘西泊，散在人身的流液或组织里面，没有一点儿生气。但，一到了危难的时候，一到那人挨饿，挨了好几天的饿，肚子里蛋白质宣告破产，血液没有收入时，于是，各组织都急忙调动，收容这些储存的蛋白质来补充，于是，这些失业的蛋白质，都应召而往，活跃起来了。所以平常吃得好，蛋白质有雄厚的准备，一旦事起，虽绝食几天，不要紧。

在"新陈代谢"中，蛋白质是生命的"新机构"，生命的"新动力"，生命的"准备库"，可见……

学生，在民族解放运动声中，也负有这三种重大的使命。

学生是国家的新蛋白质。

炼铁的故事

如果没有铁的话，我们的世界会变成什么样子呢？

一切机器的声音都停止了，我们的物质文明就会倒退很多世纪，重新过起贫穷、落后、野蛮的生活。

到时候，从最小的螺丝钉到最大的锅炉都不能制造了。

到时候，马路上没有汽车，海洋上没有轮船，天空没有飞机，也没有高楼大厦、厂房、码头、仓库、铁路和桥梁。

就是手工业工人，也没有斧头、铁锤和锯子；农民也没有锄头和镰刀。一切劳动的工具，都只好用木头、石头和青铜制造了。

铁能使我们生活得更美满，更文明，我们离不开它。

我们伟大的祖先，很早就发明了用铁制作工具。不过，在那时候用土法采矿、炼铁，出产很少，质量也不好。

大约公元 1400 年的时候，才出现了规模较大的鼓风炉。从那时起，炼铁工人把他们不断地在劳动中所积累下来的经验和科学的成果相结合，才创造出了现代化大规模的炼铁法。现在世界上已经有了新式鼓风炉，每 24 小时可以产好几百吨铁，而且从采矿到炼铁的全部过程也都机械化了。

读书笔记 ·················
如今科学技术又有了飞速发展，请查阅资料了解现代炼铁的效率和成果。

你们如果到矿山上去看，就可以看见采矿工人正在用炸药把红褐色的铁矿石炸得粉碎，白天和夜晚都可以听见轰隆隆的响声，像不断地在放炮。

你们还可以看见，在矿山的斜坡上，许多架铲矿石的机器像坦克车一样地在走动着。它的前面伸出了一只长长的钢臂，钢臂头上挂了个有齿的大铲斗。管理机器的工人扳动把手，操纵着大铲斗，很轻松地就把成堆的矿石装进一列列的车皮里，让火车把矿石运到炼铁厂去。

名师批注
比喻——铲矿石的机器体形巨大，能与坦克媲美，太令人震撼了。

到炼铁厂去的路上，你们远远地就能望见有一排烟囱，像哨兵似的站立着。

你们走进工厂，会看见红褐色的矿石堆满了广场。

先走过炼焦炉旁，这是一个庞大的建筑物。你们又会看见焦炭从炉子里排出来，还在燃烧中就被吊车运走。

接着你们就会看到那更有趣的部分——鼓风炉。

这家伙像一座高塔，约有十层楼房那样高，肚子

读书笔记 ⋅⋅⋅⋅⋅⋅⋅⋅⋅⋅
猜想一下：鼓风炉外的管子有什么作用？

外层包着很厚的钢板，钢板里面砌着很厚的一层耐火砖，在它的身上还绕满了很多细细的管子，不停地流着水。

你们如果早来几个钟头的话，还可以看见小车一辆接着一辆地载着矿石、石灰石和焦炭，由升降机一直送到炉子顶上，然后把它们统统倒进鼓风炉里去，直到装满为止。

这时候，燃烧焦炭所必需的空气，便由鼓风机经过送风管送进热风炉里，空气在热风炉里变成温度很高的热空气，再送到炼铁炉里去。

鼓风炉里热得要命，矿石开始熔化，像火山的内部一样，沸腾着火一般的熔岩。

名师批注

比喻——矿石熔化了，如果不仔细看，还以为它是火山中的岩浆，可见炉中的温度之高。

现在时候到了，工人把鼓风炉底上的小门打开，于是通红的铁水汹涌地奔流出来，火花四溅。这就是炼好的生铁了。

火红的铁水滚滚地从鼓风炉里流出来，沿着地上的小沟，流到巨大的桶里。桶是那样沉重，都是用车子或者桥式吊车来把它运到炼钢炉或铸造厂去的。

名师批注

列数字——铁矿中的碳含量不同，形成的金属也不同，在生产过程中可以通过控制碳的含量来控制最终的产品。

炼钢炉和鼓风炉外形虽然不一样，但里面的构造却差不多。在炼钢炉里，可以把铁里的杂质去掉，使它含很少量的碳。生铁的含碳量在 1.7% 以上，假若碳的分量减少到 0.3% 至 1.6%，就变成了钢。

这样从炼钢炉里炼出来的，就是有光亮的、有弹性的钢。钢可以制成刀子、锯子、斧头、钢轨、钢梁、车床……

读书笔记 ⋅⋅⋅⋅⋅⋅⋅⋅⋅⋅
除此之外，你身边还有什么东西是由钢制造而成的吗？

炼铁炼得又好，又省，又快，机器的声音就会更加热闹起来，我国社会主义工业化，也就能早日实现。

灰尘的旅行

灰尘是地球上永不疲倦的旅行者，它们随着空气的动荡而飘流。

我们周围的空气，从室内到室外，从城市到郊野，从平地到高山，从沙漠到海洋，几乎处处都有它们的行踪。真正没有灰尘的空间，只有在实验室里才能制造出来。

在晴朗的天空下，灰尘是看不见的，只有在太阳的光线从百叶窗的隙缝里射进黑暗的房间的时候，才可以清楚地看到无数的灰尘在空中飘舞。大的灰尘肉眼固然也可以看得见，小的灰尘比细菌还小，就是用显微镜也观察不到。

根据科学家测验的结果，在干燥的日子里，城市街道上的空气，每立方厘米大约有 10 万粒的灰尘；在海洋上空的空气里，每立方厘米大约有 1000 粒灰尘；在旷野和高山的空气里，每立方厘米只有几十粒灰尘；在住宅区的空气里，灰尘要多得多。

这样多的灰尘在空中游荡着，对于气象的变化产生了不小的影响。原来灰尘还是制造云雾和雨点的小工程师，它们会帮助空气中的水分凝结成云雾和雨点，没有它们，就没有白云在天空遨游，也没有大雨和小雨了。

没有它们，在夏天，强烈的日光将直接照射在大地上，使气温不能降低。这是灰尘在自然界的功用。

在宁静的空气里，灰尘开始以不同的速度下落，这样，过了许多日子，就在屋顶上、门窗上、书架

读书笔记
你在生活中有没有见到过灰尘？它们长什么样子？

名师批注
列数字——灰尘很微小，在空气中无处不在，并且数量巨大。

读书笔记
灰尘是怎样让地球的温度降低的呢？

上、桌面上和地板上，铺上了一层灰尘。

这些灰尘，又会因空气的动荡而上升，风把它们吹送到遥远的地方去。

1883 年，在印度尼西亚的一个岛上，有一座叫作克拉卡托的火山爆发了。在喷发的时候，岛的大部分被炸掉了，最细的火山灰尘上升到 8 万米——比珠穆朗玛峰还高 8 倍多的高空，周游了全世界，而且还停留在高空一年多。这是灰尘最高最远的一次旅行了。

如果我们追问一下：灰尘都是从什么地方来的？到底是些什么东西呢？我们可以得到下面一系列的答案：有的是来自山地的岩石的碎屑，有的是来自田野的干燥土末，有的是来自海面的由浪花蒸发后生成的食盐粉末，有的是来自上面所说的火山灰，还有的是来自星际空间的宇宙尘。这些都是天然的灰尘。还有人工的灰尘，主要是来自烟囱的烟尘，此外还有水泥厂、冶金厂、化学工厂、陶瓷厂、锯木厂、纺织工厂、呢绒工厂、面粉工厂等，这些工厂都是灰尘的制造所。

除了这些无机的灰尘而外，还有有机的灰尘。有机的灰尘来自生物的家乡。有的来自植物之家，如花粉、棉絮、柳絮、种子、胞芽等。还有各种细菌和病毒。有的来自动物之家，如皮屑、毛发、鸟羽、蝉翼、虫卵、蛹壳等，还有人畜的粪便。

有许多种灰尘对于人类的生活是有危害性的。自从有机物参加到灰尘的队伍以来，这种危害性就更加严重了。

灰尘的旅行，对于人类的生活有什么危害性呢？

它们不但把我们的空气弄脏，还会弄脏我们的房屋、墙壁、家具、衣服以及手上和脸上的皮肤。它们落到车床内部，会使机器的光滑部分磨坏；它们停留在汽缸里面，会使内燃机的活塞发生阻碍；它们还会毁坏我们的工业成品，把它们变成废品。这些还是小事。灰尘里面还夹杂着病菌和病毒，它们是我们的健康最危险的敌人。

读书笔记 ⋯⋯⋯⋯⋯⋯⋯
在你的家里，一般哪里灰尘最多呢？

灰尘是呼吸道的破坏者，它们会使鼻孔不通、气管发炎、肺部受伤，而引起伤风、流行性感冒、肺炎等传染病。如果在灰尘里边混进了结核菌，那就更危险了，所以必须禁止随地吐痰。此外，金属的灰尘特别是铅，会使人中毒；石灰和水泥的灰尘，会损害我们的肺，又会腐蚀我们的皮肤；花粉的灰尘会使人发生哮喘病。在这些情况之下，为了抵抗灰尘的进攻，我们必须戴上面具或口罩。最后，灰尘还会引起爆炸，这是严重的事故，必须加以防范。

因此，灰尘必须受人类的监督，不能让它们乱飞乱窜。

读书笔记 ⋯⋯⋯⋯⋯⋯⋯
平时的生活中，我们可以怎么做来避免由灰尘带来的危害？

我们要把马路铺上柏油，让喷水汽车喷洒街道，把城市和工业区变成花园，让每一个工厂都有通风设备和吸尘设备，让一切生产过程和工人都受到严格的保护。

近年来，科学家已发明了用高压电流来捕捉灰尘的办法。人类正在努力控制灰尘的旅行，使它们不再成为人类的祸害，而为人类的利益服务。

名师批注

说明——面对灰尘的危害，人们也正在努力寻找办法解决它，相信未来这些方法会越来越有效，且普遍运用于生活之中。

镜子的故事

报载：1956 年 12 月在日本本州中部冈山市的一个古墓里发现 13 面中国古代铜镜，估计有 1800 年的历史。这些古镜呈圆形、有花纹，都是用青铜制成的。

青铜镜是镜子的祖先，它的发现一向为考古学家所珍视。

读书笔记 ·················
为什么考古学家们对青铜镜会格外珍视？

考古学家在 100 多年以前，就在埃及一座坟墓里找到一个有柄的金属圆盘，已经生锈，当时人们不知道这个圆盘做什么用。

有的说，这个圆盘是用来代替扇子的；有的说，它是一种装饰品；又有的说，这是一个烤饼的烤盘。

后来经过实验证实，这是一面青铜镜子。

古时候，除了用青铜制造的镜子以外，还有用银子制造的银镜和用钢制造的钢镜。但是，这些金属镜子一遇到潮湿就会发暗生锈，失去本来面目。为了避免这一点，就不能让它们的表面同空气和水分接触。这就需要用玻璃来制造了。

从金属镜到玻璃镜，镜子走了一段有趣的历史。

在人们学会做玻璃以前，是不懂得制造玻璃镜子的。

威尼斯人是制造玻璃的能手，首先发明制造玻璃镜子的也是他们。他们的制法是把水银和锡的合金跟玻璃粘在一起。他们一直保守着这个秘密。

读书笔记 ·················
他们为什么要保守这个秘密？

于是，欧洲的王公贵族、阔佬名人都到威尼斯去订购镜子。

法国有个王后叫作玛丽·德·美第奇，在她结婚的时候，威尼斯共和国曾献给她一面玻璃镜子作为礼物，这面镜子虽然小得很，据说它却值15万法郎哩。王后很爱它。

后来，爱好镜子竟成了一种风气。镜子变成一种显耀的东西。当时的贵族都争先恐后地宁愿什么都不买，却一定要买一面玲珑的镜子。

从此，法国的金钱都流到威尼斯去了。

为了挽回这种损失，法国驻威尼斯大使接到密令，叫他收买两三名做镜子的技师，把他们偷偷地运到法国去。

不久之后，在法国诺曼底也建立了一座制造玻璃镜子的工厂。

法国爱买镜子的人变得更多起来了。有钱的人都想给自己家里弄到一面镜子。人们开始用镜子装饰床铺、餐桌、椅子和橱柜，甚至于在礼服上也缝上小镜子片，使其跳舞的时候在灯光照耀之下闪闪烁烁地发光。这真是美丽呀！

镜子的需求量一年比一年多，但是它的质量还很低劣，玻璃表面不平，照出来的嘴脸歪曲不正，而且镜子都很小，不能照全身。

于是人们渴望着有大玻璃镜的出现。

制造大玻璃镜之功，是属于法国人的。但是，制造大玻璃镜就需要用大玻璃板，而把玻璃板磨平和磨光是一件十分细致和沉重的工作，这种工作既吃力又费时间，结果大玻璃镜的价钱就非常昂贵了。

幸而在今天，人们已经发明一种用机器磨玻璃的方法，而且还能使这种方法自动化。这样就使镜子的

名师批注

列数字——由于当时威尼斯的垄断，一面镜子的价格非常昂贵，简直令人咋舌。

名师批注

过渡——人人都买镜子，导致钱财外流，这必然会引起统治者的重视，以寻求解决办法。承上启下，为下文情节发展做了很好的铺垫。

名师批注

叙述——人们对镜子的推崇已经到了极致，甚至将它作为了一种炫耀的资本。

价格大跌，一般平民也都买得起。

玻璃镜子的制法越来越完善，它的用途也越来越广。

人们已经不再用水银和锡的合金了，而是在玻璃板上涂了一层薄的银子，在它的上面又涂上一层漆来保护这层银子。这样制成的镜子，照出来的影子非常清楚。

现在人们已经能造出一种新式玻璃，一面看去是镜子，一面看去是透明的玻璃。把这种玻璃装在汽车上，就使你能浏览窗外的风光人物，而过路的人却不能望见你，只能看见他自己。

科学技术的进步真令人兴奋。

名师批注

直接抒情——对于科技的进步，作者十分欢喜。

热的旅行

天气一天比一天冷了。天气越冷，人们就越需要热。

提起热来，人们就很容易想起太阳、火炉、烧红的铁块、开水和热汤等。

热是什么呢？依照科学的说法，热是一种能，就像光、电、原子能、无线电波、食物和燃料一样，都是能。

热是从哪里来的呢？太阳是热的最大源泉，它不断地向宇宙空间放射出它的热。这种热射到地球表面的热量只占它所发出的总热量的二万万分之一，这一点儿热量，已经相当于每秒钟烧 60 万吨煤所产生的热。如果全地球的表面都结成 200 米厚的冰层，太阳所射到地面上的热量，也足够把它全部融化。

名师批注

列数字——地球接收到的太阳的热量是非常大的，而这也仅仅是太阳散发出的热量的一小部分，可见太阳散发出的热量有多少了！

太阳是热的总司令，它指挥着热和寒冷作战。热还有大大小小的指挥官，火就是其中的一种。

火是一种燃烧的现象，我们到处都可以见到它：在木炭盆里，在煤火炉里，在煤气炉里，在煤油灯上，在高炉里，在大大小小用火的场合。

电也是一名发热的指挥官，电流通过铜线，铜线就会发红、发热。电灯、电炉、电熨斗都很烫。

此外，摩擦、撞击和压缩空气，也都会发热；食物经过消化，燃料经过燃烧，以及原子核的破裂，也都是热的来源。

在日常生活中，我们时刻都可以发现，热不停地在奔走旅行。从太阳怀里跑到地球身上，这是它的一次长征；从火炉里跑到房间的每一个角落，从开水锅底跑到水面，这是它短距离的赛跑。

热是怎样在旅行的呢？经过科学家的分析，热的旅行有三种途径，这就是说，有三种方法可以传热。

第一种方法叫作接触传热。

如果你用手来摸烧红的铁板，你就会大声叫"烫"；如果你光着脚在太阳晒热的水泥地上走动，你就会觉得脚底非常热。这些都是接触传热的表现。

如果你拿一瓶热水放在冰块上冰，这一瓶热水很快就变冷了，变成冰水了，这也是接触传热的一个例子——热水接触冰块而失去它的热。

在接触传热中，热的旅行，都是从热的物体身上跑到冷的物体身上去的，一直到这两种物体之间的温度相等为止。

不论固体、液体，还是气体，都能接触传热，它

名师批注

拟人——太阳化身总司令，指挥热将寒冷全部驱散，气势威严，效果显著，令人惊讶。

读书笔记

生活中，你一般在哪里能见到火呢？除此之外，你还知道哪些产生热的方式？

名师批注

举例子——热不管是在宇宙之中还是在小小的房间里，都在不停地流动着。

读书笔记

运用这一原理思考一下，我们在生活中该如何保温呢？

们中以固体传热显得最为便当。

在固体的行列中，金属的传热最快，是最好的导热体；木头、布、橡皮、纸都不善于传热，都是阻热体，而非导热体。所以炉子和锅子的手柄，都是用木头或橡皮做成的。

不流动的空气也不善于传热，因而在建造房屋的时候，为了御寒和防热，常用两层玻璃窗。

第二种传热的方法，是流动传热。水的流动和空气的流动都可以传热。

把水放在玻璃器皿里加热烧开，我们就会观察到热水上升，冷水下降。这就是水流动传热的表现。

空气动荡而成风，不论大风或是微风，都是热空气和冷空气对流的结果。这就是空气流动传热的表现。

一般现代化的房屋，都开辟有上下两个窗口，以流通空气，让热空气从上面的窗口奔出去，让新鲜的冷空气从下面的窗口流进来。

但是，在人口众多的房间里，例如电影院和大礼堂，这样的装置还不够用，就必须有通风设备，用电扇来鼓动空气，使它尽量地流通。

第三种传热的方法，就是辐射传热（这就是说向周围放射热气）。每一种发热体，都不断地向四面八方放射出它的热。辐射传热，是不依靠实物的，就是在真空中也能进行。太阳的热和光以及其他各种辐射都一直不停地穿过 15000 万千米的真空区域，才到达地球的表面，费时不过 8 分钟。它除了把热传给地球和它所遇到的别的东西以外，并不把任何一点儿热留给真空。

读书笔记

请观察风的方向，说一说：一般是冷空气向热空气流动，还是与之相反呢？

名师批注

列数字——辐射传播的速度非常快，即使太阳到地球的距离如此之远，热和光也只需要 8 分钟就可以到达地球。

火也是一种发热体，它也是向四面八方放射它的热的。所以在灭火工作中，救火队员不得不戴上面具和披上保护衣，以避免火焰热气的威胁。

这些都是热的旅行的秘密。当人们掌握了这些秘密之后，在御寒和防热的斗争中，就能取得不断的胜利。

读书笔记 ·················
人类有哪些方法来御寒和防热呢？

笑

随着现代医学的发展，我们对于笑的认识更加深刻了。

笑，是心情愉快的表现，对于健康是有益的。笑，是一种复杂的神经反射作用，当外界的一种笑料变成信号，通过感官传入大脑皮层，大脑皮层接到信号，就会立刻指挥肌肉或一部分肌肉动作起来。

小则嫣然一笑，笑容可掬，这不过是一种轻微的肌肉动作。一般的微笑，就是这样。

大则是爽朗的笑，放声的笑，不仅脸部肌肉动作，就是发声器官也动作起来。捧腹大笑，手舞足蹈，甚至全身肌肉、骨骼都动员起来了。

笑在胸腔，能扩张胸肌，肺部会加强运动，使人呼吸正常。

笑在肚子里，腹肌收缩了而又张开，及时产生胃液，帮助消化，增进食欲，促进人体的新陈代谢。

笑在心脏，血管的肌肉加强了运动，使血液循环加强，淋巴循环加快，使人面色红润，神采奕奕。

笑在全身，全身肌肉都动作起来。兴奋之余，使人睡眠充足，精神饱满。

笑是一种运动，不断地变化发展。笑的声音有大

名师批注

说明——笑是由于心理上感到愉悦而指挥肌肉运动的现象，它需要有一定的笑料来刺激。

名师批注

对比——微笑和大笑都是笑，只是它们所牵动的身体部位不同。

读书笔记 ●·············
观察你身边某个人的笑声，说说他的笑声有什么特点？

有小、有远有近、有高有低、有粗有细、有速有慢、有真有假；有聪明的，有笨拙的；有柔和的，有粗暴的；有爽朗的，有娇嫩的；有现实的，有浪漫的；有冷笑，有热情的笑，等等，不一而足，这是笑的辩证法。

笑有笑的哲学。笑的本质是精神愉快；笑的现象是让笑容、笑声伴随着你的生活。笑的形式多种多样，无时不有，无处不有；笑的内容丰富多彩，包括人的一生。笑话、笑料的题材，比比皆是，可以汇编成专集。

读书笔记 ●·············
你有没有珍藏的一个笑话？请跟身边的人分享一下。

笑有笑的医学，笑能治病。神经衰弱的人，要多笑。笑可以消除肌肉过分紧张的状况，防止疼痛。笑也有一个限度，适可而止，患有高血压和患有心肌梗塞的病人不宜大笑。

笑有笑的心理学。各行各业的人对于笑都有他们自己的看法，都有他们的心理特点。售货员对顾客一笑，这笑是有礼貌的笑，使顾客感到温暖。

笑有笑的政治学。做政治思想工作的人，非有笑容不可，不能板着面孔。

笑有笑的教育学。孔子说："学而时习之，不亦说乎！"这是孔子勉励他的门生要勤奋学习。读书是一件快乐的事，我们在学校里常常听到读书声夹着笑声。

笑有笑的艺术。演员的笑，笑得那样惬意、那样开心，所以，人们在看喜剧、滑稽戏和马戏等表演时，剧场里总是笑声不断。

笑有笑的文学，相声就是笑的文学。

笑有笑的诗歌。在春节期间，《人民日报》发表了有关笑的诗。其内容是："当你撕下 1981 年的第一张日历，你笑了，笑了，笑得这样甜蜜，是坚信：青春的树越长越葱茏？是祝愿：生命的花愈开愈艳丽？呵！在祖国新年建设的宏图中，你的笑一定是浓浓的春色一笔……"

笑，你是嘴边一朵花，在颈上花苑里开放。

你是脸上一朵云，在眉宇双目间飞翔。

你是美的姐妹，艺术家的娇儿。

你是爱的伴侣，生活有了爱情，你笑得更甜。

笑，你是治病的良方，健康的朋友。

你是一种动力，推动工作与生产前进。

笑是一种个人的创造，也是一种集体生活感情融洽的表现。

笑是一件大好事，笑是建设社会主义精神文明的一个方面。

让全人类都有笑意、笑容和笑声，把悲惨的世界变成欢乐的海洋。

> **名师批注**
>
> 比喻——笑，不过是一种神态，作者却将它比作一朵花、一朵云，笑于是变成一种神秘莫测的东西，又给人美感，让人心生愉快。

> **读书笔记** ••••••••••
>
> "笑"对你来说还是什么？请仿照文段自己说一说。

人生七期

由出生到老死，这个路程是谁都要走过的。不过，有的人不幸，在半道得了急症或遇到意外，还没有走完这条路，就突然被死神抓去了，这是例外。

在生之过程中，发育和衰老，同时进行。我们一天一天地长成，同时也一天一天地老去。小孩子一个个都巴不得即刻变成成人，但成人一转眼就都老了，都变成老头了。这个由小而大，由大而老之间，其实没有界线可分。天天在长，就是天天在老。生之日

> **名师批注**
>
> 抒情——笑，在作者心中象征着美好、幸福，能够拯救身处悲惨世界的人们。希望全世界都充满笑容。

> **读书笔记** ••••••••••
>
> 这句话给了你什么启示？

读书笔记

你目前的人生中，哪种成分比较多呢？

名师批注

分类别——在莎士比亚的笔下，人生这七个时期，都有着特定的遭遇，这是人的一生，基本是大同小异的。

名师批注

列数字——人类最初的样子，非常微小，但是其重要结构非常齐全，这是地球生物界的奇迹呀！

益多，死之辰益近。不过看哪一种成分，显得格外分明，若把一条生命线强分为数段，也可。大约看来，在 25 岁以前，发育的成分多；25 岁以后，则衰老的成分渐多了。

16 世纪时期，英国的大诗人莎士比亚，有过一篇千古不朽的名诗，这首诗由婴儿起到暮年止，把人生分为七期，描写得极其生动逼真。大意是：咿咿唔唔，在奶娘手上抱着的是婴儿；满面红光，牵着书包不愿上学去的是学童；强吻狂欢，含泪诉情，谈着恋爱的是青年；热血腾腾，意气甚强，破口大骂，胆大妄为的是壮年；衣服齐整，面容严肃，大声方步，挺着肚子的是中年；饱经忧患，形容枯槁，鼻架眼镜，声音带颤的是老年；塌的眼眶，没了牙齿，聋了耳朵，舌头无味，记忆不清，到了尽头的是暮年。莎翁就这样把人生一段一段地分析下来。

但是，莎士比亚的人生七期是看着人情世态而描写的。我们现在也要把人生分为七期，却是依照生理学上的情形而分的。这七期，不自婴儿始，而以子宫内受孕的母卵为起点。

自母卵与精虫相遇，受了精以后，立时新生命就开始了。自开始至 3 个月为第一期，叫作胚胎期。这一期的变化突飞猛进，最为奇特。

在这一期里，母卵不过是直径不满 1/700 英寸的一颗圆圆的单细胞，内中却早已包含着成人所必须具备的一切重要的结构了；其中还有几种结构为成人所没有，如第三星期，有鱼鳃的裂痕出现；第六星期，有尾巴出现。

在演化论者看来，这分明显出人是鱼的后身，兽的子孙了。由母卵一个单细胞起，一变二，二变四，四变八……不断地变，直到第三个月，人的雏形已经完成，但仍小得很，要用显微镜才看得清楚。

第二期是胎儿期，由第三个月起至脱离母体"呱呱"坠地时为止，大约有六七个月吧。在这一期里，并没有添出什么花样，细胞仍在变多，已完成的雏形也在渐渐长大，渐渐加重，渐渐成熟。

在温暖的子宫内的胎儿，不会感到饥饿和窒息的恐慌。他所需要的食料和氧气都是从母亲的血液里支取，是由胎盘输进脐带，再输送给他的。

在婴儿诞生的时候，这种食料和氧气的自由供给会突然停止。于是新生的婴儿不得不"哇"的一声大哭，打通了两个鼻孔，顿时鼓动自己的肺叶呼吸外界的新鲜空气；又"哇"的一声大啼，张开自己的小口尽力吸吮甜美的乳汁，运用自己的胃和肠来消化食物。

这种食料供给的突变，对婴儿发育的过程并无重大的影响。不过在出生的头三天，婴儿的体重略有减低，这多半是因为分娩后的那几天乳量不足的缘故，不久就会恢复常态了。

由呱呱坠地到2岁时乳齿长出的时候是第三期，叫作婴儿期。

接着就是第四期，即幼童期，由3岁起，女童到13岁止，男童到14岁止。在这一期里，体重年年均有增加，每年约增9%。一个体重40磅的儿童，每年增加3.6磅；一个体重70磅的儿童，每年增加6.3磅。假使不生病、不遇饥荒，这时期里体重就可以一直向上无阻地增加了。

到了第五期，就是最宝贵的青年时期了。如春天的花儿一般，一朵一朵地绽放，红艳可爱，一个个女儿的性格，一个个男子的性格，很奇幻而巧妙地在这一期里养成了。一夜之间，不知不觉地由娇羞的童女，一变成为多色多姿的女人；由顽皮的童子，一变成为大声大样的男人。其间也有不少不平等、参差不齐的形态与资质。

青年期，女子的标志是：月经的来临、骨盆的长大、乳峰的突起及阴毛的出现，这大约在 13 至 14 周岁时就发生了。

青年期，男子的记号是：面部的胡须有了几根了，下部耻骨间的黑毛也一条一条地长了出来；同时好像喝了什么葫芦里的药，小孩子从又尖又脆的高音忽然变成又粗又重的沉音了。

在滋养得宜的时候，这一期里，体重和身高的增加比儿童时期还来得快，大约可由每年 9% 加到每年 12%。不过，贫苦的大众，平日都没有吃饱，营养不足，又怎能达到这样高速度的发育呢？

青年期的发育是跟性的本能有关联的。割去生殖器的男童，到了青春发育的时期，就不会发生如平常男子一般的变化。从前，清宫里的太监就是如此，他们不像男的，又不像女的，口音总是尖脆，颔下从来不生胡须。

美国密苏里大学有一位解剖学教授亚冷先生，曾把某种动物的生殖器割去，从此这种动物的发育因此迟缓了，然后他又将各种生殖器的组织制成溶液，注射到那动物的体内，于是动物体内某部分的发育又激增了。

但是这种由青春的发动而使发育激增的现象并没有维持长久。大约两年之后，发育的速度，就很快地跌下去了，满 22 周岁的孩子，体重和身高都已发育完全，不再生长变化了。

不论怎样，到了 23 周岁，一切体格的生长都宣告终止。当然，在 20 岁与 30 岁之间，从体力方面看，这是我们一生最强盛的时代。运动健儿创造新纪录，夺得锦标都是在这时期内完成的。

读书笔记 •·············
历史上有哪些运动健儿创造了新纪录？

过了 30 岁，一切身体机能就江河日下了。

大概在 50 岁那一年，女人的月经告别，她的生殖时代就成为过去式了。

男子的生殖机能，虽不似妇人那样的突然中断，但一过了 35 岁，也一天不如一天了。

男子一过 35 岁，身体就一天一天地肥大了。团团的面孔、双重的下巴、厚厚的颈项，都显得隆肿起来了；汗毛越来越粗，胡子蔓延的区域渐广；笨重的身体，挺着大肚皮，一步一步不慌不忙地走。有福气活到 35 岁以上的人，多少都有这种福相吧！

名师批注
描写——进入 35 岁以后的男人，在体形和行动上都有了很大变化。

然而这些形象却被科学家认为都是生殖机能渐弱的表现。割去生殖器的雄兽身体渐渐异常地肥大起来了；割去生殖腺的雄鸟，毛羽也格外地粗大。生理学者起初也以为胡子和汗毛的加多加粗，是男性发育完全的特征，后来经过阉割雄鸟的试验，以人比鸟，就悟到粗毛粗须是性能力渐弱的标记，而在这时期内，男子生殖腺的作用的确是减弱了。

男子到了 60 岁，生殖的机能就完全终止了。世间能有几个老当益壮，66 岁还要割须弃毛，再做新郎的贵人呢？

由 25 岁起，女的到 50 岁，男的到 60 岁，是中年期，是一生的中心，是一生最有用的时代，这是第六期。

第七期是 60 岁以上，就算老年期了，一轮红日慢慢西沉，终归于万籁俱寂了。至于怎样老法，下一次再谈吧。

衣料会议

衣服是人体的保护者。人类的祖先，在穴居野外的时候，就懂得其重要意义了。他们把骨头磨成针，拿缝好的兽皮来遮盖身体，这就是衣服的起源。

有了衣服，人体就不会受到灰尘、垃圾和细菌的污染而得传染病；有了衣服，外伤的危害也会减轻。衣服还帮助人体同天气做不屈不挠的斗争：它能调节体温，抵抗严寒和酷暑的进攻。在冰雪的冬天，它能防止体热发散，在炎热的夏天，它又能挡住那吓人的太阳辐射。

制造衣服的原料叫作衣料。衣料有各种各样的代表，它们的家庭出身和个人成分都不一样。今天，它们都聚集起来开会，让我们来认识认识它们吧！

棉花、苎麻和亚麻生长在田地里，它们的成分都是碳水化合物。

棉花曾被称作"白色的金子"，它是衣料中的积极分子。从古时候起它就勤勤恳恳为人类服务。人们学会了编织筐子和席子以后不久，也就学会了用棉花来纺纱织布了。

从手工业到机械化大生产的时代，棉花的子孙们一直都在繁忙紧张地工作着。从机器到机器，从车间到车间，它们到处飘舞着。它们来到缝纫机之前，还得到印染工厂去游历一番，然后受到广大人民的热烈欢迎。

名师批注

拟人——棉花作为一种很普遍的衣料原料，在人类的生活中做出了很大的贡献，人们也很认可它的贡献。

苎麻和亚麻也是制造衣服的能手，它们曾被称作"夏天的纤维"。它们的纤维非常强韧有力，遇水也不容易腐烂，耐摩擦，散热快。它们的用途很广，能织各种高级细布，用作衣料既柔软爽身又经久耐穿。

羊毛和皮革都是以牧场为家，它们的成分都是蛋白质。

羊毛是衣料中又轻又软、经久耐用的保暖家，是制造呢料的能手。它之所以能保暖，是因为在它的结构中有空隙，可以把空气拘留起来。不流动的空气原是热的不良导体，可以使内热不易发散，外寒不易侵入。

人们驯服了绵羊以后，就逐渐学会了取毛的技术。

皮革不是衣料中的正式代表，因为它不能通风，又不大能吸收水分，不能做普通衣服用。可是在衣服的家属里，有许多成员，如皮帽、皮大衣、皮背心、皮鞋等都是用它来制造的，它还经营着许多副业，如皮带、皮包、皮箱等。皮子要经过浸湿、去毛、鞣制、染色等手续，才能变成真正有用的皮革。

像皮革一样，漆布、油布、橡皮布也不是正式代表，它们却有一些特别用途，那就是制造雨衣、雨帽和雨伞。

蚕丝是衣料中的漂亮人物，也是纤维中的杰出人才，它曾被称作"纤维皇后"。它来自养蚕之家，它的个人成分也是蛋白质。蚕吃饱了桑叶，发育长大后，就从下唇的小孔里吐出一种黏液，见了空气，黏液便结成美丽的丝。蚕丝在自然界中是最细最长的纤维之一，富有光泽，非常坚韧而又柔软，也能吸收水分。

利用蚕丝，首先应当归功于我们伟大祖先黄帝的妻子——嫘祖。这是 4500 多年前的事。她教会了妇女养蚕抽丝的技术，她们用蚕丝织成绸子。其实，有关嫘祖的故事只是一个美丽的传说。真正发明织绸的，是我国古代的劳动人民。随着劳动人民在这方面的经验和成就的不断积累提高，蚕丝事业在我国发达起来。我国的丝绸很早就开始出口了，西汉以后成了主要的出口物资之一，给祖国带来了很大的荣誉。

在现代人民的生活里，人们对衣服的要求是多种多样的，而且还要物美价廉，一般的丝织品和毛织品还不能达到这样的要求，人们正在为寻找更经济、更美观的新衣料而努力着。

近年来，在市场上，出现了各种人造丝、人造棉、人造皮革和人造羊毛，这些都是衣料会议中的特邀代表。

人造丝来自森林；人造棉来自木材和野生纤维；人造皮革和人造羊毛来自石油城。

衣料会议中，有一位最年轻的代表，它的名字叫作无纺布，它来自化学工厂。这是世界纺织工业中带有革命性的最新成就。这种布做成的衣服能使我们感到更轻便，更舒服，更保暖防热，更丰富多彩，也更经济。

无纺布还被称作"不织的布"，可以用两种方法来生产。第一种是缝合法，把棉、毛、麻、丝等纺织用的原料梳成纤维网，经过反复折叠变成絮层，然后再缝合成布。第二种是黏合法，把纤维网变成絮层，再用橡胶液喷在絮层上制成布。

无纺布是第二次世界大战后的新产品，因为它能利用低级原料，产量高而成本低，还能制造一般纺织工业目前不能制造的品种，所以世界各国都很重视它的发展，它的新品种在不断地出现。

衣料代表真是济济一堂。

在闭幕那一天，它们通过了两项决议。

它们号召：衣服不要做得太紧，也不要做得太宽。衣服太紧了会压迫身体内部的器官，妨碍肠管的蠕动和血液流通；太宽了妨碍动作而且不能起保暖的作用。

它们呼吁：衣服要勤换洗，要经常拿出来晒晒太阳，以免细菌繁殖；在收藏起来的时候，还得加些樟脑片或卫生球，预防蛀虫侵蚀。保护衣服就是保护自己的身体。

> **名师批注**
>
> 拟人——衣服对于剪裁有着自己的想法，不希望太紧也不希望太宽松，因为不管太紧还是太宽松，对人体都没好处。

> **读书笔记** ••••••••
>
> 你还有哪些保护衣服的方法吗？请分享一下。

谈寿命

地球上的生命活动，远在数亿年以前就开始了。最初的生命，以蛋白质分子的身份出现在原始的海洋里。

往后，越来越多的原始生物，包括细菌、藻类和以变形虫为首的单细胞动物集团，一批又一批地登上生命的舞台。

这些原始生物，都是用分裂的方法来繁殖自己的后代的。一个母细胞变成两个子细胞之后，母体的生命就结束了。所以它们的寿命都极短暂，只能以天或小时来计算，最短的只有 15 分钟。

当单细胞动物进化到多细胞动物，其寿命也就延长了。例如大家所熟悉的蚯蚓，就能活到 10 年之久。印度洋中有一种大贝壳，重 300 千克，被称作"软体动物之王"，在无脊椎动物世界里，它创造了最高的寿命纪录，能活到 100 岁。

一般说来，昆虫的寿命都很短促。成群结队飞游在河面湖面的蜉蝣，就是以短命而著名的，它们的成虫只活几小时，可是它们的幼虫却能在水中活上几年。

蜻蜓的寿命只有一两个月，它们的幼虫能活上 1 年左右；蝉的寿命只有几个星期，而它们的幼虫有的竟能在土里度过 17 年的光阴。

鱼类的寿命就长得多了。人们在福州鼓山涌泉寺放生池里所见到的大鲤鱼，据说都是 100 年以上的动物；杭州西湖玉泉培养的金鱼，也都是 30 岁以上年纪了。

在长寿动物的行列中，乌龟的寿命要算最长的了。英国伦敦动物园里保存着一只巨大的乌龟，也许现在还活着，它的年纪已经超过 300 岁了。听说非洲的鳄鱼，也能活到这样的高龄。

活到 100 岁以上的动物，还有苍鹰、天鹅、象以及其他少数罕见的动物；一般猛禽野兽和家禽家畜之

名师批注

举例子——在进化之后，多细胞生物的寿命就普遍延长了，在自然界可以找出丰富的例子来证明这一结论的正确性。

名师批注

说明——有些昆虫的寿命很短，但是作为幼虫蛰伏的时间远远超过寿命，这是人类所无法想象的。

读书笔记 ·················
除了这些，你还知道哪些长寿的鱼吗？

类，它们的寿命都在十岁到五六十岁之间。

在一般的情况下，它们都不能尽其天年：或者为了满足人类营养的需要而被宰吃，或者因为年老力衰得不到食物而饿死，也有的因气候突变或传染病而死。

至于人类的平均寿命，欧洲人在黑暗的中世纪，只能活到 20 至 30 岁，这连许多高等动物的平均寿命还不如。

文艺复兴以后，这个统计数字在不断地增长着。现在有一些国家，人的平均寿命已经达到 70 多岁的标准，这个标准比一般动物的寿命都要高。现在百岁以上的健康老人也常有所闻。

在我们现代社会，对于人的关怀，是从他诞生前就开始的，因而婴儿的死亡率明显下降，各种保健制度都已建立起来。政府又大力提倡体育运动，以增强人民的体质。这一切，对于延长人们的平均寿命，都具有深远的影响。

随着医学的进步，爱国卫生运动的发展，危害人类的传染病逐渐消失，就是那可怕的癌症的防治工作也有了不少进展。

近年来，科学家对于征服衰老所做的斗争，起了鼓舞人的作用。许多新方法给我们带来了新的希望。150 岁还不是人类寿命的极限。这句话，不能说是过分乐观的估计吧！

名师批注

说明——动物界的平均年龄数据只是一个参考，很多动物可能会因为各种自然因素影响，而无法活到这个年龄。

读书笔记 •••••••••

你身边有没有长寿老人呢？请向他们讨教一下长寿的秘诀吧！

名师批注

抒情——在国家与人民的共同努力下，人类不仅生命质量有所提高，寿命的极限也在不断刷新，这对于作者本身以及人民大众来说，都是值得高兴的事！

从历史的窗口看技术革命

距今 70 万～23 万年，我们的祖先北京猿人就开始用火了。不过，他们用的还是野火。

读书笔记 ●∙∙∙∙∙∙∙∙∙∙∙

那时候人们烧制的陶器、冶炼的金属与现代的有没有什么不同？

读书笔记 ●∙∙∙∙∙∙∙∙∙∙∙

人类发明的水力机、风力机运用在哪里？

火的发明，是人类征服自然的开端。火不但给黑夜带来了光明，给寒冷带来了温暖，人们还利用它来驱赶野兽，把生肉烤成熟肉吃。

这时候，人们还制造了一些粗笨的劳动工具，如石刀、石斧等。

这是石器时代。

这之后，人们学会了钻木取火，又逐渐学会了烧制陶器、冶炼金属。

于是就有了铜器和铁器的出现。

这些石器、铜器和铁器都是极简单的劳动工具，人们要靠双手的力气来和自然做斗争，如打猎、打铁、耕田、锄地、搬东西等。

这还谈不上什么技术。

人们不能满足于只靠一双手使用工具和自然斗争。在寻找劳动助手的时候，人们首先利用了畜力。在二千五六百年前，我国历史上所说的春秋时代，就使用马拉车、牛拉铁犁耕田了。

后来人们又渐渐学会了利用水力和风力。在一千六七百年前，我国历史上所说的东汉末年，就发明了水力机和风力机。当时东方的古国如埃及等，也有了这些东西。水力机和风力机都能带动别的工具和机器工作。

这是技术的萌芽时代。

1000多年前，水力机和风力机从东方传到了欧洲，大受欧洲人的欢迎。他们逐步地加以改良。到了18世纪，英国人和俄国人都能制造相当精巧的水力机，并且用它们来转动工厂里的机器。

后来，工业技术继续发展，机器的花样越来越多，不能光靠水力和风力来发动了。于是就有人想起了利用蒸汽。蒸汽的力量非常强大，一锅水沸腾起来，若全部变成水蒸气，可以变成1600锅。

假如把一锅水关闭在一个密封的器具里，让它变成水蒸气，通过导管进入汽缸，就会冲动汽缸里的活塞，使它来回移动，这样就能带动各种机器工作。

这就是蒸汽机。英国发明家瓦特于1765年对当时已出现的原始蒸汽机做了重大改进。在他以前，曾有许多发明家对于蒸汽机的构造都有过贡献。

俄国的发明家波尔祖诺夫，就在1765年制成第一架完全可以适用于工厂生产的蒸汽机，可是，没有引起沙皇政府的重视，不幸被埋没了。

蒸汽机的发明，是大生产时代的开始。从此，工厂林立，铁路纵横，世界面貌为之一新。

但是呀，蒸汽机的锅炉又大又笨重，有些地方用起来很不方便。于是又有人在想：能不能把燃料直接放在汽缸里燃烧呢？

他们看到炮弹躺在大炮的胸膛里，点起引线，就会爆炸发射出去，飞得很远很远。他们就得到了启发。为什么不能把汽缸当作大炮，拿活塞代替炮弹？

于是他们就发明了内燃机。内燃机不用笨重的煤炭做燃料，而是用煤气或是汽油和柴油所挥发出来的气体。

随着内燃机的发明，汽车、飞机、坦克车和拖拉机等也都创造出来了。

内燃机对于人类的贡献不算小。从前用旧式犁需

名师批注

列数字——一锅沸腾的水蕴含的能量非常大，所以人们才会注意到它，将它运用在工业生产中。

读书笔记·······

请查阅资料，了解蒸汽机工作的画面。

读书笔记·······

波尔祖诺夫的故事给了你怎样的启发？

名师批注

疑问——在技术发展的过程中，人们会因为新的需求而提出新的疑问，正是这样的疑问推动了技术的发展。

名师批注
对比——技术飞速发展之后，人类的生产和生活也因此而更加方便了。

要耕一天的地，现在用拖拉机几分钟就耕好了；从前步行需要 10 天左右的路程，现在乘飞机个把钟头就可以飞到了。

轮船、火车、汽车、坦克车、拖拉机、飞机等都得用钢铁来制造，所以人们又把我们现在所处的这个时代叫作"钢的时代"。

电和火一样，早就引起人们的注意了。直到 16 世纪，人们对于电的现象，才开始有了正确的认识。

18 世纪，科学家发明了避雷针之后，人们就积极想办法用人工的方法制造电。有许多科学家，如意大利的伽伐尼和伏打、俄国的彼得罗夫、法国的安培等，他们对于电流的研究都有不少贡献。而以英国的一个铁匠的儿子叫作法拉第的，为研究电流最有成绩的一人，他在 1831 年，发明了电动机和发电机。

读书笔记
电动机和发电机的工作原理分别是什么？请查阅资料了解一下。

电动机能转动机器，发电机能发出电流。于是电报、电话、电灯、电车等都相继发明出来了。现在许多地方都有发电站，人们利用火力、水力、风力和其他一切自然力都可以发电。这比内燃机更方便得多了。

19 世纪末，人们又发明了无线电。人们利用无线电波通过空间来传播声音和影像，来远距离控制和操纵机器。

于是无线电报、无线电话、无线电广播、电视和雷达等都陆续出现了。世界科学技术又迈进了一大步。

30 多年前，人类又掌握了一种新的巨大的自然力量——原子能，这是原子核裂变的时候所放出的大量的能。它比火力要强大 100 万倍到 1000 万倍。一千克铀块所放出来的原子能就等于烧掉二三千吨煤。

名师批注
对比——原子能作为新能源，比原来发现的传统资源能量要大得多，但是危险性也是随之而提升了，我们在利用它的过程中要更加小心。

如果把原子能用到工农业生产和交通运输上，一定会引起技术上更大的革命。这在苏联已经由幻想变成事实了。这样，从石器、铜器、铁器到钢，从手工具、半机械化、机械化到自动化，从火的发明到蒸汽机、内燃机、电动机和原子能的出现，技术的发展走过一段漫长的路程，但是人类终于依靠自己的劳动，逐步地提高了物质和文化生活的水平。

最近，人类人造地球卫星发射成功，是人类和自然斗争的又一次空前伟大的胜利。科学技术越来越发达，人类的前途越来越光明。

> **名师批注**
>
> 叙述——回顾人类的技术发展过程，其中有多少人付出了自己的心血？恐怕是数也数不清的。我们在享受这些成果的时候，也要感激先人的付出！

名师精华赏析

无论身处于怎样的时代，高士其先生对于人民、对于中国总是充满信心的。在本章内容中，我们跟着高士其先生，了解了那个时代最前沿的一些科学成就，也有一些问题是还需要我们这些"未来人"去思考解决的。阅读着这些文字，每个"未来人"的内心想必都是激情澎湃的，发展科学技术是我们肩负的责任，也是我们未来前进的方向！

积累与运用

好词

抗战　完善　阻碍　诬蔑　肥沃　短促　萌芽　腐蚀

通融　复兴　驯服　游历　坚韧　足迹　根源　风光

死里求生　神通广大　孤苦伶仃　摇身一变　自强不息

一丝不挂　大惊小怪　狼吞虎咽　笑容可掬　手舞足蹈

💡 佳句

圆胖圆胖的"酵母"，身上带点儿醉意和糖味，专爱啖水果、吃淀粉，成天的在酒桶里胡调，吃了葡萄，吐出葡萄酒；吃了麦芽，吐出啤酒；吃了火上烘的麦粉浆，发成了热腾腾的面包、馒头。

生物身上的蛋白质，是生命的基本力量，犹如国难声中的救国学生运动，是挽救民族的基本力量啊！

它们看见那些纤毛摇动的形式各有不同，有的是钩来钩去的，有的是摇摇摆摆的，有的像大海中的波浪，有的像漏斗，但是它们都是许多纤毛集合在一起劳动的，它们是有统一运动方向的。

鼓风炉里热得要命，矿石开始熔化，像火山的内部一样，沸腾着火一般的熔岩。

💡 美文仿写

笑，是开心愉快的体现，富有感染力。高士其先生被这样的开心愉快感染，内心对于笑的赞美化作一首小诗，自然地流淌出来，在他的心中，笑容不仅仅是一种表情，还是很多美好的象征。相信在你的心中，也总有一个画面始终无法忘怀，请你选择其中一个景物，仿照文段写下一首小诗，表达内心的情感。

笑，你是嘴边一朵花，在颈上花苑里开放。

你是脸上一朵云，在眉宇双目间飞翔。

你是美的姐妹，艺术家的娇儿。

你是爱的伴侣，生活有了爱情，你笑得更甜。

笑，你是治病的良方，健康的朋友。

你是一种动力，推动工作与生产前进。

笑是一种个人的创造，也是一种集体生活感情融洽的表现。

笑是一件大好事，笑是建设社会主义精神文明的一个方面。

让全人类都有笑意、笑容和笑声，把悲惨的世界变成欢乐的海洋。

_____

_____

_____

_____

_____

_____

知识大宝藏

衣食住行，是每个人生活的基本要求。科学家们正在不断努力，为人类生活创造更好的条件，提供更多便利。高士其先生期盼下的种种发展，也在现代社会中慢慢实现，这实在是令人振奋。现在就请你写一封信，介绍现代社会不同方面的最新成就，这封信将会穿越时空送到高士其先生手中，让他了解现代社会的繁荣哟。

尊敬的高士其先生：

您好！

我是_____，_____。

一、太空：_____

_____。

☑ **灰尘的旅行**

二、衣料：＿＿＿＿＿＿＿＿＿＿＿＿＿＿＿＿＿＿＿＿＿＿

＿＿＿＿＿＿＿＿＿＿＿＿＿＿＿＿＿＿＿＿＿＿＿＿＿＿＿＿。

三、资源：＿＿＿＿＿＿＿＿＿＿＿＿＿＿＿＿＿＿＿＿＿＿

＿＿＿＿＿＿＿＿＿＿＿＿＿＿＿＿＿＿＿＿＿＿＿＿＿＿＿＿。

四、寿命：＿＿＿＿＿＿＿＿＿＿＿＿＿＿＿＿＿＿＿＿＿＿

＿＿＿＿＿＿＿＿＿＿＿＿＿＿＿＿＿＿＿＿＿＿＿＿＿＿＿＿。

五、＿＿＿＿＿＿＿＿＿＿＿＿＿＿＿＿＿＿＿＿＿＿＿＿＿

＿＿＿＿＿＿＿＿＿＿＿＿＿＿＿＿＿＿＿＿＿＿＿＿＿＿＿＿。

此致

敬礼！

＿＿＿＿＿＿＿＿＿同学

＿＿年＿＿月＿＿日

第三章 真题演练

一、填空题

1._____是生命最小最简单的代表，是生命的基本单位。

2.蛋白质，不论是动物的，或是植物的，吃到了肚子里，经过了胃汁的消化，分解成为各种"_____"。

3.生铁的含碳量若减少到 0.3% 至 1.6%，就变成了_____。

4._____是地球上热的最大源泉，它不断地向宇宙空间放射出它的热。

5.热的旅行有三种途径，分别是_____、_____、_____。

6.人生七期是以_____为起点。

7.棉花曾被称作"_____"，它是衣料中的积极分子。

8.一些原始生物，都是用_____的方法来繁殖后代的。

二、简答题

1.如今我们正面临着资源短缺的问题，你的同学却在课间的时候在厕所互相泼水嬉戏，请你从节约资源的角度对他们进行劝说。

2."民以食为天"，粮食是我们生活中重中之重的部分。在自然界中，庄稼有非常多的天敌，请你为农民伯伯总结一下，让他们可以提高警惕。

参考答案

一、填空题

1. 细胞

2. 氨基酸

3. 钢

4. 太阳

5. 接触传热　流动传热　辐射传热

6. 子宫内受孕的母卵

7. 白色的金子

8. 分裂

二、简答题

1. 言之有理，并且要委婉礼貌。如：同学你好，目前世界上还有一些地方的人们正在遭遇着水资源短缺的危机，水资源是十分珍贵的，我们要节约用水，你们觉得呢？

2. 杂草；啮齿类动物，包括黄鼠、田鼠和家鼠；害虫和病菌，也包括病毒，如亚洲蝗虫、甜菜里的象鼻虫、黑穗病的病菌以及烟草花叶病的病毒等。

语文教材推荐丛书
名著读物

核心考点专练

灰尘的旅行

核心考点专练

 片段阅读

片段 1

单说有一天吧。这一天我飘到了他的实验室里了。他的实验室我是常去的。这一次却没有被请，而是我独立闲散地飞游而去的。

我看见满桌上排着二三十瓶透明的黄汤，有肉香，有甜味。那每一只的瓶颈，都像鹤儿的颈子一般，细细长长地弯了那么一大弯，又昂起头来。我禁不住就从一只瓶口扬长飞进去了。可是，到了瓶颈的半路，碰了玻璃之壁，又滑又腻的壁，费尽气力也爬不上去，真是苦了我，罢了罢了！

那胡子科学先生一天要跑来看几十次，看那瓶子里的黄汤仍是清清明明的，阳光把窗影射在上面，显得十二分可爱，他脸上现出一阵一阵的微笑。

这一下，他可把"自然发生说"的饭碗完全打翻了。为的是我不能到里面去偷吃，那肉汤，无论什么汤，就不会坏，永远都不会坏了。

于是，他疯了似的，携着几十瓶的肉汤，到处寻我，到巴黎的大街上，到乡村的田地上，到天文台屋顶的空房里，到黑暗的地窖里，到了瑞士，爬上阿尔卑斯山的最高峰去寻我。他发现空气愈稀薄，灰尘愈少，我也愈少，愈难寻。

寻我也罢，我不怪他。只恨他又拿我去放在瓶子里烧。最恨他烧我又一定要烧到 110℃以上，120℃以上，乃至 170℃。用高压力来烧我，用干热来烧我，烧到了一个小时还不肯止呢！

火，无情的火，是我最惨痛的回忆呀！

片段 2

那么，传染病的凶手是怎样判定的呢？这要看他们如何检查我那个特殊的淘气孩子的行动了。

他们的第一条原则：要在每一个得了这特殊的传染病的病者身上，捉到我这行凶的孩子，而且它被捕的地点也应该就是行凶的地点。这就是说，若在其他不相干的地方抓到它，而真正的伤口上反而不能寻获它，那证据就有些靠不住了。我这一群来来往往在人身上做"过客"的有很多很多，自然不可以随意指出一个说它是凶手。在出事的地点常常发现的才是嫌疑犯。

第二个原则：这凶手要被活生生地捉到，并且把它关在玻璃小塔里面，还要养活它，并且还会一代一代地传种传下去，别的菌种都不许混进来，以免有所假冒，鱼目混珠，要永远保持那凶手的单独性。若凶手早已死去，或因绝食而自毙，则它的犯罪情形将何从拷讯？它的真相将何以剖明？假定凶手是被活擒到了，它也能在外界继续地生长，独囚一室，不和异种相混，然而也不能就此判定它是这病的主犯。有时也许是抓错了，也许它不过是帮凶而已，而正凶反而逃脱了。怎么办呢？那就要用第三条原则来决定了。

第三条原则就是动物实验。拿弱小的动物作为牺牲品，把那有嫌疑的菌犯注射进这些小动物的体内去，如果它们也发生同样的病状，那就是这特殊传染病的正凶之铁证，不能再狡赖了。

我在旁听了之后，不禁叹服这位科学先生的神明，他能这样精巧地定计破贼，真是科学公堂上的包拯啊！然而，这使我为着那一批专和人类作对的蛮孩子担心了。

片段 3

就其轮廓而看，细菌大约可分为六大类：一为像菊花似的"放线菌"，二为像游丝似的"丝菌"，三为断干折枝似的"枝菌"（即分枝杆菌），四为小皮球似的"球菌", 五为小棒子似的"杆菌", 六为弯腰曲背的"弧菌", 那第六类, 有的多弯了几弯, 像小小螺丝钉, 又叫作"螺旋菌"。

这些细菌很少孤身漂泊, 都爱成双结对, 集队合群地到处游行。球菌虫, 有的结成葡萄般的一把一把数十百个在一起, 名为"葡萄球菌"; 有的连成珠儿般的一串一串, 有短有长, 名为"链球菌"; 有的拼成豆、果子、花生般的一对一对, 名为"双球菌"; 有的整整四个做成一处, 名为"四联球菌"; 有的八个叠成立方体, 名为"八叠球菌"。杆菌中, 有的竹竿似的一节一节; 有的马铃薯般有胖胖的身躯; 有的大腹便便, 身怀芽孢; 有的芽孢在头上, 身像鼓槌; 有的两端肿胀, 身似豆荚; 有的身披一层荚膜; 有的全身都是毛; 有的头上留有辫子; 有的既有辫子, 又有尾巴; 长长短短, 有大有小。

 好句 大宝库

1. 据说, 后来那位先生还洗我以酒, 浸我以酸, 毒我以碘汁, 灌我以色汤, 使我披上一层黑紫衣, 又披上一件大红衣, 都是为着便利于检查我的身体, 认识我的形态, 而发明了这些曲曲折折的手续。

2. 可是，游人一至，游船一开，在酣歌醉舞中，瓜皮与果壳乱抛，在载言载笑间，鼻涕和痰花四溅，那湖水的情形又不同了。

3. 人若得胜，淋巴腺则是防菌的堡垒；我若得胜，这堡垒则变成我的势力区了。

4. 在那白茫茫的乳汁里，我遇见了不少的小乳球，不少的珍物奇货，都是脂肪、糖、蛋白质之类的好东西，都是我顶上等的食物，我真喜出望外了。

5. 在豆根的尖头，我轻轻地爬上它弯弯的根须，接着爬进了豆根的内质，飞快地繁殖起来，由内层复蔓延到外层，使豆根肿胀了，长出一粒一粒的瘤子。这就是"豆根瘤"的现象。

6. 泪在灾民、难民眼眶里狂涌，汗在车夫、工人的额角和背上怒奔，尿在黑暗的角落打滚。

7. 保护衣服就是保护自己的身体。

8. 科学技术越来越发达，人类的前途越来越光明。

一小时刷完这些题

一、作品文学常识

1. 下列说法中有误的一项是（　　）

A.《老人与海》是一曲英雄主义的赞歌。

B.《钢铁是怎样炼成的》一书取材于俄罗斯作家尼古拉·奥斯特洛夫斯基的亲身经历，主人公保尔·柯察金从小生活在社会的最低层，饱受折磨和侮辱，后来在科托夫斯基的影响下，走上革命道路。

C.《红星照耀中国》分析和探究了"红色中国"产生、发展的原因，多方面展示了中国共产党为民族解放而艰苦奋斗和牺牲奉献的崇高精神。

D.《灰尘的旅行》是著名科普作家高士其的作品。

2. 下列表述中不正确的一项是（　　）

A. 反对殖民压迫是科幻小说《海底两万里》的重要主题之一，在尼摩船长身上体现了作者对科学、社会正义和人类平等的不懈追求。

B.《灰尘的旅行》全书分为科学趣谈、科学小品和科学童话三个部分。

C.《西游记》中的故事大多情节曲折，其中的大闹天宫、大闹五庄观、大闹野猪林等故事尤为精彩。

D.《大堰河——我的保姆》《我爱这土地》《向太阳》是《艾青诗选》中的三篇佳作。

3. 下列表述与原著不相符的一项是（　　）

A.《儒林外史》中，范进因中举喜极而疯、严监生临死前吝惜灯草油等情节充分体现了作品的讽刺艺术。

B. 简·爱具有强烈的自尊心和反抗精神。她热忱刚烈，是一个敢于追求自由平等和独立人格的女性。

C.《灰尘的旅行》用通俗易懂的语言将深奥的科学知识讲得形象生动、明白晓畅，彻底揭开了科学神秘的面纱，带领青少年轻松进入神奇的科学世界。

D. 保尔告诉冬妮亚他最喜欢的一本书是《牛虻》，因为书中的传奇领袖加里波第的故事让他着迷。

4. 下列表述中有误的一项是（　　）

A. 在《二十四孝图》《五猖会》《父亲的病》中，鲁迅喜欢恪守孝道的故事，并且身体力行。

B.《灰尘的旅行》的作者是学者高士其，他的科学小品语言生动、活泼、形象、清新。

C. 鲁迅先生的《朝花夕拾》文笔隽永，是中国现代散文的经典作品之一。《从百草园到三味书屋》《藤野先生》

都是其中的作品。

D.《昆虫记》中作者借助昆虫的世界来折射社会人生，让人在了解昆虫诸多生活习性的同时联想到自身。

二、作品人物形象

1. 阅读文段，回答问题。

"请你抽出一点儿涂在玻璃片上，放在镜台上看吧。"这是白衣教授的声音，于是我就照着他所指导的法子，一步一步地去做。

"这是像一串一串的黑珠哇。"我用左眼，又用了右眼，一边看一边说。

"我看的这一种像葡萄哇。"一位鹰鼻子美国哥儿的声音。

"我所看的像钓鱼的竹竿。"黑人说。

"这有点儿像马铃薯哇。"那位金黄头发的小姐说。

"我的上帝呀！这像什么呢？"我隔壁那位戴眼镜的美国哥儿忽然立起来对我说，"高先生，请你看看，这一种细菌东歪西斜，不是很像中国字吗？"

"这倒像你们西洋人偶尔学写中国字所写的样子哩，我们中国字是方方正正的，没有那么歪歪斜斜呀。"我看了一看就笑着说。

（1）这段选自《灰尘的旅行》中的《＿＿＿＿＿＿》这一篇文章。

（2）面对美国哥儿的话，"我"的回答有什么含义？

2.阅读文段，回答问题。

病床上的作家

高士其爷爷生于1905年，年轻时去美国留学，攻读细菌学。1928年，23岁的高士其，在一次试验中染上脑炎病毒。病情逐渐恶化，致使他全身瘫痪了，头向左歪，语言不清，两眼发直，四肢不能动，连饮食都很困难。但是他顽强地活着，几十年来，为我们少年儿童写下了一百多万字的作品，如《我们的土壤妈妈》《太阳的工作》《时间伯伯》。写作时，他先是吃力地口述，请别人记录。由于他说话不清，别人很难听明白，他就要反复好几遍。半天下来，往往只记下一二百字，而他却已累得满头大汗。即使这样，他仍然顽强地坚持着，《灰尘的旅行》也是在这样的情况下写出来的。

（1）请用横线画出高士其爷爷创作时的状态。

（2）即使身患重病，高士其爷爷也依然坚持创作，从他身上你学到了什么？

三、作品主要内容

1.阅读选段，回答问题。

科学先生们的狡计虽然是厉害，我攻人的计划几乎一一都为他们所破坏了，但是，强中还有强中手，我家里有三个小英雄，就不为他们的严刑所恫吓，不受这传染病的三原则所审理。肺港之役，我连战皆捷，就是这三位小英雄安排好的巧计，难倒了科学先生，他们至今还没有法子可以破除。

我的这三位小英雄，科学先生已给它们判定了传染病的罪名了。

第一名，他们说它是猩红热的正凶，叫它作"溶血性链球菌"。

第二名，他们说它是肺炎的主犯，称它作"肺炎双球菌"。

第三名，他们说它是流行性感冒的祸首，唤它作"流行性感冒杆菌"。

它们当然是根据传染病的三原则而被判定的。然而，我的这三个孩子的行动并不是这么单纯。它们犯案累累，性质又未必皆相同。如第一名，不仅使人生猩红热，什么扁桃腺炎、丹毒、产褥热、蜂窝组织炎之类的疾病，也都是由它而起。我这里所谈的肺港事件，就与它有密切的关系。

（1）肺炎的主犯是_____菌。

（2）请用一句话概括文段主要内容。

2.阅读选段，回答问题。

蚕丝是衣料中的漂亮人物，也是纤维中的杰出人才，它曾被称作"纤维皇后"。它来自养蚕之家，它的个人成分也是蛋白质。蚕吃饱了桑叶，发育长大后，就从下唇的小孔里吐出一种黏液，见了空气，黏液便结成美丽的丝。蚕丝在自然界中是最细最长的纤维之一，富有光泽，非常坚韧而又柔软，也能吸收水分。

利用蚕丝，首先应当归功于我们伟大祖先黄帝的妻子——嫘祖。这是 4500 多年前的事。她教会了妇女们养蚕抽丝的技术，她们用蚕丝织成绸子。其实，有关嫘祖的故事只是一个美丽的传说。真正发明织绸的，是我国古代的劳动人民。随着劳动人民在这方面的经验和成就的不断积累提高，蚕丝事业在我国发达起来。我国的丝绸很早就开始出口了，西汉以后成了主要的出口物资之一，给祖国带来了很大的荣誉。

（1）蚕丝被称作"_____"，是自然界中最细最长的纤维之一，_____，坚韧柔软，能吸收水分。

（2）说到丝绸的历史，我们最先想到的便是世界闻名的"丝绸之路"。对于"丝绸之路"你有什么了解呢？请根据你的知识说一说。

四、作品阅读鉴赏

1. 阅读文段，完成赏析。

嘀嗒嘀嗒，嘀嗒又嘀嗒……

壁上挂钟的声音，不停地摇响，在催着我们过年似的。

不会停的呀！若没有环境的阻力，只有地心的吸力，那挂钟的钟摆，将永远在摇摆，永远嘀嗒嘀嗒。

苹果落在地上了，江河的潮水一涨一退，天空星球在转动，也都为着地心的吸力。

这是 18 世纪，英国那位大科学家牛顿先生告诉我们的。

但，我想，环境虽有阻力，钟的摇摆虽渐渐不幸停止了，还可用我的手，再把发条开一开，再让钟摆摆一摆，让它又嘀嗒嘀嗒地摇响不停了。再不然，钟的机器坏了，还可以修理的呀。修理不行，还可以拆散改造的呀。

我们这世界，断没有不能改良的坏货。不然，收买旧东西的，便要饿肚皮。

钟摆到底是钟摆，怕的是被古董家买去收藏起来，不怕环境有多么大的阻力，当有再摇再摆的日子。

地心的吸力，环境的阻力，是抵不住、压不倒的，人类双手和大脑得一齐努力抗战哪。你看，一架一架、各式各样的飞机，不是都不怕地心的吸力，都能远离地面而高飞吗？

这一来，钟摆仍是可以嘀嗒嘀嗒地不停了。也许因外力的压迫，暂时吞声，然而不断地努力，修理，改造，整个嘀嗒嘀嗒的声音，万不至于绝响的呀！

（1）请赏析画横线的句子。

（2）这篇文章是在讨论细胞的永生，又为什么要提到钟摆呢？

2. 阅读文段，完成练习题。

笑有笑的心理学。各行各业的人对于笑都有他们自己的看法，都有他们的心理特点。售货员对顾客一笑，这笑是有礼貌的笑，使顾客感到温暖。

笑有笑的政治学。做政治思想工作的人，非有笑容不可，不能板着面孔。

笑有笑的教育学。孔子说："学而时习之，不亦说乎！"这是孔子勉励他的门生要勤奋学习。读书是一件快乐的事，我们在学校里常常听到读书声夹着笑声。

笑有笑的艺术。演员的笑，笑得那样惬意、那样开心，所以，人们在看喜剧、滑稽戏和马戏等表演时，剧场里总是笑声不断。

笑有笑的文学，相声就是笑的文学。

（1）作者讨论笑的奥秘，提到了孔子说的话，这是什么手法？

（2）关于笑的奥秘，作者进行了详细的阐述，从中可以看出他对笑的态度是怎样的？

五、综合训练

你的学校正在举办以"书香满校园"为主题的读书活动，而你作为班级代表，参与了这个活动。以下是本次活动的内容。

书海浩瀚，许多同学不知道应该选哪一本书来进行阅读，需要你在下列三本书中选择一本，向同学们介绍它的主要内容。

1.《西游记》 2.《骆驼祥子》 3.《海底两万里》

参考答案

一、作品文学常识

1.B　2.C　3.D　4.A

二、作品人物形象

1.（1）细菌学的第一课

（2）中国字并不是歪斜的，而是方方正正的，中国人也是端正的。

2.（1）他先是吃力地口述，请别人记录。由于他说话不清，别人很难听明白，他就要反复好几遍。半天下来，往往只记下一二百字，而他却已累得满头大汗。

（2）珍惜时间，对创作尽心尽力，顽强不屈。（言之有理即可）

三、作品主要内容

1.（1）肺炎双球

（2）这三种细菌最终导致了细菌在肺港之役的胜利。

2.（1）纤维皇后；富有光泽

（2）"丝绸之路"起源于西汉，由张骞带队出使西域；

古代中西方文化与贸易交流的通道；广义上分为陆上丝绸之路和海上丝绸之路；等等。（言之有理、符合事实即可）

四、作品阅读鉴赏

1.（1）拟声词——时钟嘀嗒的声响，象征着时间的流逝，而在时间的流逝中发生了怎样的故事呢？吸引读者，激发了读者的阅读兴趣。

（2）钟摆在人类的操作下，尚不至于绝响，那人类又有没有可能如同钟摆一般得到永生呢？两者类比，引出文章话题，设下悬念。

2.（1）引用

（2）对笑的喜爱与赞美，提倡人人献出笑容。

五、综合训练

（选择其中一本概括主要内容即可。）

1.《西游记》：全书主要描写了孙悟空出世及大闹天宫后，遇见了唐僧、猪八戒、沙僧和白龙马，西行取经，一路上历经艰险、降妖伏魔，经历了九九八十一难，到达西天见到如来佛祖，最终五圣成真的故事。

2.《骆驼祥子》：讲述了中国北平城里的一个年轻好强、充满活力的人力车夫祥子三起三落的人生经历。

3.《海底两万里》：主要讲述了博物学家和生物学家阿龙纳斯、其仆人康塞尔和鱼叉手尼德·兰一起随鹦鹉螺号潜艇船长尼摩周游海底的故事。

上架建议：文学 / 畅销

ISBN 978-7-5315-8860-3

9 787531 588603 >

定价：24.80 元